세계
헤어웨어 이야기

신화에서 대중문화까지

세계
헤어웨어 이야기

신화에서 대중문화까지

원종훈 김영휴 지음

아마존북스

인간은 머리카락을
사랑했다

인간의 손끝에서 머리카락은 가발이 되었고, 화려한 장신구로 변신했고, 이제 헤어웨어로까지 진화했다. 이 책은 머리카락을 사랑한 인간의 궤적을 찾아 떠나는 탐험서이자 한편의 대하드라마다. 이 드라마 속에는 수많은 등장인물들이 나와 머리카락에 담긴 각자의 이야기를 전한다. 욕망과 저주, 복수와 애증의 이야기에 호기심이 솟구친다. 이야기가 펼쳐지는 장소는 또 얼마나 다양하던가. 이야기의 시간은 고대에서 중세를 지나 현대까지 수천 년을 이어간다.

머리카락은 몸의 풀과 같다.
풀처럼 자라며 호흡하기를 거듭한다.

머리카락은 끈과 같다.

수만 가닥의 끈처럼 온갖 것들을 묶어서 잇고 연결하는 역할을 맡는다.

이 책의 진정한 주인공은 머리카락이다.

머리카락은 온 우주를 조화롭게 잇는 매개체였으며 인간 욕망의 상징물이 되어 왔다.

인간은 집착에 가까울 정도로, 머리카락을 사랑해 왔다. 놀라울 정도로 머리카락에 정성을 기울였다. 기발한 상상력을 발휘하여 머리카락을 새로운 모습으로 발명해 왔다. 온갖 모습으로 창조해 온 것이다.

이제 머리카락에 매료된 인간사의 화려한 드라마가 시작된다.

"인간은 머리카락을 사랑했다.
그리고 사랑한다. 앞으로도 영원히."

목차

PART 2
혁명과 연애 : 열정, 자유, 영원불멸

PART 3
전통과 자유 : 스타일, 금지, 아이콘

머리카락의
향연

황금시대의 전설은 아득히 먼 옛날부터 있어 왔다.

—아르놀트 하우저 Arnold Hauser, 『문학과 예술의 사회사 1』

　신화의 세계부터 21세기 현대사회까지, 상상과 현실의 시간을 한 줄로 엮는 세계가 존재해 왔다. 머리카락이다. 이 글은 가늘고 긴 세계, 그 머리카락에 새겨진 인류문화사이다.

아름다움, 美를 이해한다는 것

아름다움이란 절대 완전하고 변경 불가능한 것이 아니라 역사적인 시기와

장소에 따라 다양한 모습을 가질 수 있다.

—움베르토 에코 Umberto Eco, 『미의 역사』

아름다움이 이토록 주관적이라면 어떻게 이해해야 할까? 언어학의 대가이자 박물학적 지식을 지닌 움베르토 에코의 말처럼 아름다움, 미(美)는 시대와 공간(환경, 지역)에 따라 큰 차이가 발생한다.

단원 김홍도(檀園 金弘道, 1745~?)가 그린 18세기 《사녀도》의 사녀(仕女: 궁중의 여인, 부유한 여인)(그림1)와 21세기 현대의 미인을 비교 대조해 보면 한눈에 알 수 있다. 태국의 고산지대에 사는 카렌족(그림2)을 보자. 카렌족 여인들은 어린 시절부터 목에 무거운 쇠로 된 링을 걸어서 인위적으로 긴 목을 만든다. 그들의 오랜 관습에서는 목이 긴 여인이 아름답다고 보기 때문이다. 21세기 한국사회에서는 카렌족 여인을 어떤 시선으로 바라보고 느낄까? 카렌족의 아름다움에 선뜻 동의하기 쉽지 않을 것이다. 어디 그뿐일까. 김홍도의 손끝에서 형상화된 고운 자태가 돋보이는 조선의 사녀 또한 현

그림 1 《사녀도》, 단원 김홍도, 18세기 후기

그림 2 태국의 카렌족

대의 시선에서 보면 결코 미인이 아닐 수 있다. 이처럼 아름다움은 시대와 문화에 따라 각양각색의 해석이 나온다. 아름다움에 관한 포괄적인 표현이 서구적 미인, 동양적 미인 정도일 텐데 이 또한 협소하고 편향된 시각일 뿐이다.

그렇다면 아름다움에서 영원히 시대를 초월해 존재하는 보편타당한 의미를 발견할 수 없단 말인가. 영국의 로저 스크러튼Roger Scruton은 자신의 저서 『아름다움』에서 이렇게 말한다.

> 나는 아름다움이 우리의 이성적 본성에 근거한 실제적이고 보편적인 가치이며, 아름다움의 감각이 인간 세계를 형성하는 데 없어서는 안 될 역할을 한다고 주장할 것이다.[1]

그렇다. 아름다움에는 전 세계 어디에서나 통하는 보편적인 요인이 있다. 아름다움에 관한 폭넓은 이해를 위해서는 변하지 않는 보편적 가치와 변하는 주관적 가치를 찾아 구분할 수 있어야 한다.

아름다움의 보편적인 가치는 무엇인가? 그것은 욕망과 매혹이다. 아름다움은 인간 욕망의 표현과 실현이자 타인의 마음을 사로잡는 매혹의 수단이다. 뛰어난 미모로 이름난 중국의 양귀비(楊貴妃, 719~756)는 20종 이상의 헤어스타일로 자신의 외모를 한층 돋보이게 했다고 전해진다. 양귀비는 당나라의 번영을 이끈 황제 현종(玄宗, 685~762)의 사랑을 독차지했다. 결국 황제의 권력은 양귀비의 화려한 헤어스타일에 취해 일순간 길을 잃고 권위에 오점을 남겼다.

이처럼 아름다움은 부와 권력을 소유하고 나타내는데 결정적인 역할을 맡는다. 또한 거대한 제국의 황제를 사로잡는 치명적인 도구가 되기도 한다. 특히 여인들의 머리 모양은 아름다움을 의미하는 보편적 상징이었다. 조선시대 궁중여인들이 머리에 착용했던 커다랗고 무거운 가체(加髢)가 좋은 예다. 양반가의 여인, 기생 할 것 없이 머리꾸미기에 열정적이었다. 머리카락이 호화로운 모습으로 변신을 거듭했다. 유교적 질서의 근엄함으로 둘러싸인 조선에서도 여인들은 아름다움이라는 자신들만의 또 다른 질서를 가꾼 패셔니스트였다.

아름다움의 주관적인 가치는 무엇인가? 그것은 시대와 공간(환경, 지역)이다. 아름다움은 시대와 공간에 따라 표현양식과 기준이 천차만별이다. 20여 년 전만 해도 한국사회에서 성형미인은 드물었다. 그러나 현재는 매우 흔하고 익숙하다. 인공적 미인이 아름다움의 기준과 표준이 된 세상에 살고 있다. 시대의 변화상에 따라 미인의 기준, 가치가 크게 달라졌음을 이해할 수 있다.

아름다움, 미(美)를 이해한다는 것은 무엇인가? 그것은 변하지 않는 인간 개개인에 내재된 본능적인 욕망과 매혹이 시대와 공간 속에서 어떻게 변모하고 진화해 왔는가를 알게 되는 것이다. 그리고 느끼는 것이다. 욕망과 매혹이 실현되어온 산물이, 매개체가, 상징이 인류문화의 또 다른 세계가 아니었을까? 그 세계가 머리카락이다. 머리카락에는 감춰진 이야기들이 자리하고 있다. 하지만 머리카락의 세계로 들어가기에는 아직 이르다. 조금 더 들여다봐야 할 모습이 존재한다. 때로는 강렬하고, 때로는 호사스럽고, 게다가 노골적이고 과시적이기까지 한 시선이 우리를 기다리고 있다.

욕망과 매혹에 감춰진 세계

그 남자는 모든 것을 갖추었다. 출중한 외모, 젊음, 순수함, 그리고 귀족이라는 신분. 그 남자는 어느 날부턴가 자신의 출중한 외모가 늙지 않고 영원히 변치 않기를 원했다. 초상화 속 자신에게 시기와 질투를 느꼈다. 그 남자는 자신의 초상화 속 젊음과 현실의 젊음을 맞바꾸기로 했다. 그 남자는 영원히 늙지 않는 멋지고 아름다운 외모를 얻은 대신 그림 속 자신의 모습은 추한 몰골로 늙어간다. 남자의 이름은 도리언 그레이.

아일랜드의 소설가 오스카 와일드(Oscar Wilde, 1854~1900)가 1891년 발표한 장편소설 『도리언 그레이의 초상』에 얽힌 이야기다. 주인공 도리언 그레이의 삶과 죽음을 통해 아름다움의 욕망과 매혹이 인간에게 얼마나 거부하기 어렵고 강렬한 것인지를 만날 수 있다.

왜 인간은 아름다움의 욕망과 매혹에 사로잡히는 걸까? 도리언 그레이에서 보듯, 영원불멸함을 향한 갈망, 자신이 속해 있는 신분과 사회적 지위의 드러냄, 아름다운 외모로 타인의 시선을 제어하거나 포획하려는 심리였을 것이다. 아름다움의 욕망과 매혹에 감춰진 그 실체가 궁금해진다.

인간, 영원불멸을 갈망하다

인간들이 황금과 다이아몬드를 좋아하는 이유는 변함없는 색과 빛을 유지하기 때문이다. 그래서 예로부터 권력자들은 황금으로 자신을 치장해서 보여주었다. 권력은 곧 영원불멸이었다. 권력만큼이나 오래

도록 인간을 매료시킨 영원불멸함이 아름다움이다. 화무십일홍(花無十
日紅). 열흘을 넘기는 붉은 꽃이 없다는 의미로 널리 인용되는 한자성
어이다. 인간세계의 아름다움이 지닌 유한함을 노래한 것이다. 하지
만 인간은 끊임없이 영원불멸한 아름다움을 갈망해 왔다. 도리언 그
레이처럼 예정된 비극으로 끝이 날지언정.

밤하늘의 북극성polaris을 보라. 북극성은 고대부터 숭배의 대상이
었다. 뜨지도 않고 지지도 않는 별. 죽지 않는 영원불멸한 별[2]이었기
때문이다. 고대인들은 자신들의 정해진 시간 앞에서 북극성의 아름다
움을 기꺼이 찬미했으리라.

신화 속을 거니는 신들 사이에서 영원불멸한 아름다움의 각축장이
펼쳐지기도 했다. 17세기 바로크 시대의 거장 루벤스(페테르 파울 루벤
스, Peter Paul Rubens, 1577~1640)의 걸작 《파리스의 심판》(그림3)에는 헤
라Hera, 아프로디테Aphrodite, 아테나Athena, 그리스 신화의 세 여신이
파리스Paris라는 목동 앞에서 누가 최고의 미인인지를 대결하는 장면
이 펼쳐져 있다. 최고의 미모를 인정받고 싶은 여신들의 모습은 흡사
인간들의 대리전이었다. 여신마저도 최고의, 가장, 영원한, 변치 않는
아름다움을 다투고 있는 광경은 영원불멸한 아름다움이 인간세계의
근원적인 욕망의 결정체임을 말해 주는 대목이다. 이처럼 변색되지
않는 아름다움을 향한 갈망과 집요함은 현대인에게서도 크게 달라지
않았다. 오히려 더 강력하게 심화되었다 해도 지나치지 않을 것이다.

아름다움으로 신분을 상징하다

아름다움의 욕망, 즉 아름다움의 추구는 신분과 사회적 지위를 말

그림 3 《파리스의 심판》, 루벤스, 1636년

하는 상징이기도 하다. 옷과 각종 장신구 등을 연구하는 복식사Cos-
tume History에는 신분에 따라 표현된 아름다움의 욕망이 생생하게 나
타나 있다. 중세시대처럼 엄격한 신분제 사회에서는 더더욱 도드라졌
던 특성이었다.

조선시대 사람들은 복식에서 신분이 드러나야 한다고 여겼다.[3] 용
상에 앉은 조선시대 왕이 집무 중에 입던 곤룡포는 붉은 빛 주단과 황
금빛 금실로 장식되어, 왕의 신분과 위엄을 한껏 보여주었다. 조선시
대 궁중여인의 머리 모양 중에 첩지머리가 있었는데 머리 가운데를
따라 가르마를 한 뒤에 첩지로 고정하는 머리다. 첩지는 은, 구리로
제작하여 머리 정중앙에 꽂았던 장신구로 왕비, 비빈(후궁), 궁녀에 따
라 몇 가지로 나뉘었다. 왕비는 용 모양을 도금한 첩지인 용첩지로 멋

을 냈고, 비빈은 봉황 모양을 도금한 첩지인 봉첩지를 사용했다. 궁녀들은 정식나인이 되면 개구리첩지를 했는데, 재질은 검은색 물소뿔이었다. 신분에 따라 각각 원재료의 가치에도 차이가 있었다. 무엇보다 신분이 높을수록 그에 따른 장신구는 화려한 아름다움을 과시했다. 중세인들은 신분제라는 위계질서를 유지하기 위해 아름다움을 극적으로 표현하고자 했으리라.

라틴어 룩수리아luxuria는 사치, 방탕을 뜻하는 말로서 호사, 쾌락, 사치를 가리키는 럭셔리luxury의 어원이다. 이러한 원뜻이 현대사회에 와서는 더욱 선명해졌다. 값비싸고 품질이 뛰어난 디자인의 명품, 럭셔리가 자신의 부와 사회적 위치를 나타내는 상징으로 자리한지 오래다. 신분제도는 역사와 박물관 속으로 사라졌으나 아름다움을 향한 욕망은 명품과 럭셔리라는 이름으로 변신을 거듭하며 긴 생명력을 이어가고 있다.

시선권력, 타인의 시선을 훔치고 빼앗고 유혹하다

모든 아름다움에는 힘이 스며 있다. 차라리 보이지 않는 권력이라 할 만하다.

17세기 무굴제국시대에 세워진 인도의 타지마할 묘당을 보라. 세상에서 가장 아름다운 건축물이라는 수식어가 아니어도 보는 이의 시선을 끌어당기는 강한 매력은 300년이 넘도록 변함이 없다. 할리우드 배우 마릴린 먼로(Marilyn Monroe, 1926~1962)(그림4)는 금발머리와 육감적인 몸매로 뭇 남성들의 시선을 빼앗으며 1950~60년대 최고의 섹시 여배우로 군림했다. 금발머리 여성은 동서양을 막론하고 남성들

그림 4 마릴린 먼로

에게 가공된 판타지를 제공해 주었다. 그 판타지 속에서 마릴린 먼로의 비극적 최후는 휘발되었고, 사망 50년이 넘도록 여전히 금발머리의 아이콘으로 남아 있다. 지상 828m 높이로 지구상에 현존하는 가장 높은 빌딩인 부르즈 칼리파Burj Khalifa. 공중으로 치솟은 이 인공구조물은 보는 이의 시선을 압도하는 거대한 인공미를 보여준다.

아름다움에는 태연하게 타인의 시선을 훔치고 끌어당기고 빼앗는, 그러면서도 거절하지 못하게 만드는 유혹의 속성이 내재되어 있다.

그래서 아름다움은 시선권력이다. 인간이 그토록 아름다움에 끌리고 아름다움을 욕망하는 이유는 너무도 자연스럽게 타인의 시선을 자신의 것으로 포섭하거나 동일시하도록 만들 수 있기 때문이다. 마치 자석이 어떤 물체를 잡아 끌어당기는 것처럼. 강제하거나 오랜 설득 없이도 단 한 번에 타인의 시선을 점령하고 빗장 걸린 타인의 마음을 열어젖힐 수 있는 것은, 어찌 보면 아름다움이 유일무이하지 않을까. 상상해 보라. 아름다운 여성 앞에서, 멋진 남성 앞에서 무장해제 당하지 않을 사람은 드물지 않을까. 멋진 건축물과 예술작품 앞에서 처음 사용하는 인간의 언어는 의외로 단순하다. 감탄사다!

인간에게 아름다움의 욕망과 매혹은 가히 절대적일 만큼 우월한 가치를 지녀왔다. 동서양의 문화가 걸어온 길, 과거로부터 현재로 이어진 시간, 까마득히 먼 광년의 거리에서 빛을 뿜어내는 우주의 천체에는 공통분모가 있다. 아름다움을 향한 이끌림이다. 시간의 흔적이 묻은 예술가의 그림은 또 어떤가. 만인의 애정을 한 몸에 받은 여배우는 또 어떤가. 작은 장신구 하나에도 미의식이 투영되지 않았던가. 조선여인들이 묵직한 가체를 통해 자의식을 과감히 드러내 보이던 광경에서도 아름다움을 향한 이끌림은 어김없이 등장한다. 인간의 진화를 인류 문화사에서 본다면 인간은 아주 먼 고대시대부터 타인의 시선을 유혹하는 아름다움을 추구했으며, 때로는 스스로 아름다움에 빠져들었다. 그러면서 자신의 신분을 드러내는 상징물로 사용하였다. 인간은 아름다움 속에서 진화되어 온 것이다.

아름다움을 만드는 비밀의 레시피: 황금비율 1:1.618

한국은 물론 전 세계 신용카드의 크기는 대부분 동일하다. 세로 5.39센티미터, 가로 8.56센티미터에 비율은 1:1.585. 이렇듯 일정한 비율로 신용카드를 제작하는 이유는 무엇일까? 시각적으로 편안하고 안정감을 전해주기 때문인데, 디자인이 인간심리에 미묘한 영향을 끼친다는 의미이다. 이때 적용되는 원리가 '황금비율' 또는 '황금분할'이다. A4용지, 액자, 책처럼 늘 접하는 일상용품에서도 확인할 수 있다. 다시 말해 황금비율은 창조물들과 발명품들의 대칭과 비례, 더 나아가 아름다움을 자아내는 비밀의 레시피인 셈이다.

기원전 6세기, 그리스의 수학자이자 철학자 피타고라스(Pythagoras, 기원전580~500)는 정오각형별에서 일정한 비율을 발견하였는데, 1:1.618이었다. 이러한 피타고라스의 발견은 12세기 이탈리아 수학자 레오나르도 피보나치(Leonardo Fibonacci, 1170~1250)의 생각으로 이어진다. 바로 피보나치수열과 그 궤를 같이 한다. 피보나치수열Fibo-nacci Sequence이란 (1,1,2,3,5,8,13,21,34···) 앞의 수와 뒤의 수를 더한 수가 그다음에 오는 것을 말하는데, 이를 비율로 환산하면 1:1.618이 된다. 오늘날 우리가 황금비율golden ratio 또는 황금분할golden section이라 부르는 개념이 탄생한 것이다.

그러나 황금비율이 각광받기까지는 상당한 시간을 기다려야 했다. 그때가 14세기 이탈리아 도시국가에서 꽃핀 르네상스시대였다. 시스티나 대성당 천장의 벽화《천지창조》(그림5)가 좋은 예이다. 모두 33개의 패널로 구성된《천지창조》에는 300명이 넘는 인물들이 있는데 그 거리 간격에 황금비율이 적용되었다. 르네상스의 거장 미켈란젤로의 공력으로 완성한 세계 최대의 벽화《천지창조》가 현재까지 회화사의 걸작으로 남은 데는 황금비율의 조합이 빛을 발하고 있기 때문이다. 또 한 번의 시기는 산업혁명으로 고조된 19세기 초 유럽의 파리였다. 이때부터 황금비율은 다양한 건축물과 조형물에 적용되고 해석되었다. 14, 19세기의 건축가들과 예술가들은 고대 그리스인들의 아름다움의 기준인 대칭, 비례, 질서, 조화에 열광했다. 황금비율에 매료되었던 것이다.

고대 그리스인들, 중세 르네상스인들은 황금비율의 관점에서 건축물을 축조하고 조형물을 완성했을 것이다. 인간의 이성이 발달하고

그림 5 시스티나 대성당 천장의 벽화《천지창조》, 미켈란젤로, 1508~1512년

공학기술이 진보하면서 황금비율이 자연의 일정한 규칙이라는 것을 알아냈으리라. 그렇다면 자연에 담긴 황금비율, 인간이 창조한 건축물과 조형물 등에서 찾아낸 황금비율에는 무엇이 있을까?

먼저 자연계로 향해 보자.

우리 일상 가까이에서 익숙하게 접할 수 있는 것이 상당하다. 솔방울의 머리 부분, 해바라기 씨의 배열, 파인애플 껍질의 비늘조각들은 일정한 방향으로 무늬가 나 있는 식이다. 소용돌이치듯 중심을 향해 모여들고 있는데 하나같이 나선형 모양이다. 나선의 좌우 비율을 측정해 보면 놀랍게도 황금비율과 닮아 있다. 촘촘하게 박힌 해바라기 씨의 배열을 보라. 굳이 이러한 원리를 모른다 해도 무질서와 불규칙

성보다는 질서와 규칙이 있음을 볼 수 있다. 화석과 바다생물에서도 황금비율의 예는 존재한다. 3억 5천만 년 전 중생대를 대표하는 암모나이트 화석, 살아 있는 화석으로 불리는 앵무조개 역시 나선 모양으로 이루어져 있다.

황금비율은 자연계의 거시적인 부분에서도 확인할 수 있다. 여름철과 가을철 한반도를 강타하는 태풍, 그 태풍의 눈을 보자. 태풍은 중심을 향해 강한 회전력으로 소용돌이 치고 있는 형상이다. 먼 우주로 나가 태양계가 속한 우리 은하를 보면 중심팽창부의 중심핵과 그 주위로는 바람개비 모양이 둘러싸고 있다. 우리 은하가 나선 형태를 지니고 있음을 알 수 있다. 지구에서 2100만 광년이나 떨어진, 일명 바람개비은하의 모양 또한 놀랄 만치 유사한 패턴이다. 태풍과 은하의 닮은꼴은 자연계가 보여주는 경이로움 그 자체이다. 그 비밀은 황금비율의 원리가 숨어 있기 때문이다.

이번에는 건축물과 조형물, 그리고 일상용품에 나타난 황금비율이다.

오랫동안 사랑받는 건축물에서도 황금비율은 어김없이 나타난다.

고대 이집트문명의 상징 피라미드. 그중에서 가장 커다란 규모를 과시하는 쿠푸왕Khufu의 피라미드는 높이 146m, 밑변의 길이 230m이다. 이를 환산하면 1:1.61의 비율이 된다.[4] 20세기 최고의 건축물 중의 하나인 호주의 시드니 오페라하우스는 여러 개의 조가비를 겹쳐 쌓은 모양의 지붕을 가지고 있다. 피라미드와 시드니 오페라하우스가 전해주는 안정감과 균형미의 원천은 황금비율에서 온 것이다.

조형물 중에는 기원전 150년경에 제작된 《밀로의 비너스상》(Milo:

밀로는 조각상이 발견된 에게해의 섬 이름을 지칭함)(그림6)에서 황금비율의 원리가 보인다. 비너스상은 머리에서 배꼽까지와 전체 길이를 측정했을 때, 5:8의 비율이 나온다. 또한 가슴 사이의 길이와 옷이 걸쳐져 있는 허리 좌우 사이의 길이 역시 5:8의 비율이다. 이름을 알 수 없는 에게해의 어느 조각가, 그의 손길에서도 1:1.618 황금비율의 관점이 적용되었던 셈이다.

그림 6 《밀로의 비너스상》, 기원전 150년경

서양에 황금비가 있다면 우리나라에는 오래전부터 건축물에 적용된 금강비(金剛比)가 있다. 금강이란, 금강석으로 다이아몬드를 일컫는다. 금강비의 비율은 1:1.414인데, 이러한 비율이 적용된 예술품에는 두 가지 특징이 나타난다. 간결함과 안정감을 전해준다. 대표적인 건축물로는 신라시대 첨성대와 고려시대 부석사 무량수전이 있다. 한국미의 개척자 최순우의 글에서도 부석사 무량수전에 담긴 금강비의 자태를 엿볼 수 있다. 고아한 그의 글에서 금강비가 연출한 아름다움을 경험할 수 있다.

기둥 높이와 굵기, 사뿐히 고개를 든 지붕 추녀의 곡선과 그 기둥이 주는 조화, 간결하면서도 역학적이며 기능에 충실한 주심포의 아름다움, 이것은 꼭 갖출 것만을 갖춘 필요미이며 문창살 하나 문지방 하나에도 나타나 있는 비례의 상쾌함이 이를 데가 없다.[5]

금강비가 적용된 조형물의 대표작은 석굴암의 석불인 본존불상(本尊佛像)이다. 본존불 원기둥의 지름과 높이가 조화로워 안정감을 주는데 이러한 완벽에 가까운 조형미의 비밀이 금강비에 있었던 것이다.

피보나치가 황금분할 수 1.618을 발표한 것은 1225년이었다. 우리가 습관적으로 마음을 정하는 것은 이 비율에서 나오는 것이다.[6]

황금비율 1:1.618, 가장 편안하고 조화로운 미의 표준사이즈다. 그래서 시대와 공간의 경계를 초월하여 존재해 왔는지 모른다. 고대와 현대, 동양과 서양, 자연과 인공, 건축물과 조형물, 예술작품과 일상용품 속에서 말이다. 세상을 바꾼 비밀의 열쇠라 해도 과언이 아니다. 우리도 전혀 감지하지 못하는 사이에 인류 문화와 삶에 영향을 끼쳤던 것은 아닐까.

이제 왜 인간은 황금비에 열광하고 애용해 왔는지를 넘어서, 황금비가 어떻게 적용되고 확장되어 갈지를 질문하는 시점에 와 있다. 황금비는 여전히 세상을 바꾸고 있는 숨은 동력인 것이다. 그 한가운데에 자리한 것이 머리카락이다. 머리카락에는 우리의 시선에 포착되지 못한 향연과 가늘고 긴 세계가 숨어 있다.

머리카락의 기원 : 그것은 머리카락이 아니다

동서고금을 막론하고 사람들이 머리카락에 공을 들일 때마다, 놀라운 변화가 일어났다. 이름이 계속해서 바뀌어갔다. 가발, 가체, 헤어스타일, 그리고 헤어웨어로 불렸다. 처음에는 생물학적인 머리카락에 다양한 기능이 생겼고, 차츰 새로운 의미까지 추가된 것이다. 그것은 머리카락이 아니었다.

그림 7 고대 이집트 문명 속 여인, 기원전 3000년경

가발 : Wig, 假髮, 가짜 머리카락

기원전 3000년경, 고대 이집트 문명(그림7)에서 처음으로 가발을 애용하기 시작한 것으로 보인다. 가발 탄생의 배경에는 이집트의 기후환경과 밀접한 관련이 있다. 이집트는 덥고 건조한 아열대기후에 속한 탓에 고대 이집트인들에게는 말라리아와 같은 풍토병이 많았다. 이러한 기후를 이기기 위해 고대 이집트인들은 머리를 짧게 자르고 가발을 착용했다. 이후 이집트 문명이 발달하면서, 가발은 차츰 부와 신분을 나타내는 상징으로 바뀌었다.[7] 다시 말해, 지리환경에 영향을 받은 발명품에서 문화적인 의미를 띠는 대상으로 변모해 간 셈이다. 또한 지중해 문명권인 페니키아, 그리스, 로마에서도 가발을 즐겨 썼던 것으로 전해진다. 유럽에서 가발

이 보편적인 장식이 된 것은 17세기 이후부터였다. 유럽에서는 가발을 퍼루크peruke라 불렸는데, 목덜미까지 길게 늘어뜨린 머리 모양이었다. 17~19세기 유럽에서 가발은 남성이든 여성이든 멋을 내는 장신구로서 각광받았으며 자신이 속한 높은 신분을 표시하는 상징물이기도 했다.

가체 : 加髢, 머리에 덧대는 가발

가체(그림8: 김홍도의 미인도 또는 큰 머리 여인)는 인위적으로 만들어 머리에 덧대는 가발을 말한다. 고구려 쌍영총(雙楹塚)(그림9)의 고분벽화를 보면 자신의 머리를 땋아 위로 올린 얹은머리를 한 여인들의 형상이 나타나 있다. 또한 여인들은 다른 사람의 머리카락을 이용해서 자신의 머리를 더 꾸몄다고 한다. 이러한 장식용 머리카락을 월자(月子), 체자(髢子)[8]라고 했다.

그림 8 《미인도》, 단원 김홍도, 18세기 후기

이것이 훗날 조선시대에 와서 궁궐과 양반사대부가를 중심으로 널리 유행하며 가체라는 명칭으로 불렸다. 다른 말로는 다리, 달비, 다래가 있다. 가체는 쪽머리, 얹은머리, 대수머리, 거두미머리, 어여머리, 첩지머리, 조짐머리, 트레머리, 새앙머리 등 그 종류가 다양했다. 그런데 조선시대 여

성의 가체를 꾸며주던 직업이 있
었다. 『승정원일기 인조 11년 계
유 6월 13일』에는 다음과 같은
내용이 적혀 있다.

…비유하자면 마치 신부가 신
랑집에 가서 반드시 수모(首
母)가 단장해 주고 인도해 준
뒤에야 예를 행하는 것과 같
습니다.

『승정원일기 인조 11년 계유 6월 13일』

그림 9 고구려 고분벽화 《쌍영총(雙楹塚)》,
5세기

조선시대에는 '수모(首母)'라는 장인이 활동했다. 수모는 혼례에서
신부 단장을 도맡아하던 여성 장인이었는데, 여성의 가체를 꾸미고
손질하는 일 또한 이들의 능숙한 손끝에서 이루어졌다. 18세기 후반
영정조 시대에 가체금지령이 내려지면서 수모라는 직업은 역사의 뒤
안길로 사라진 것으로 보인다.

헤어스타일 : Hairstyle, 머리 모양

유럽, 미국 같은 서구사회가 20세기 중반 현대 대중사회로 탄생하
고 성장하는 과정 속에서 폭발적으로 떠오른 개념이 헤어스타일이다.
프랑스에서는 꾸아퓌르coiffure라고 부른다. 헤어스타일은 머리 모양
을 의미하는 차원을 넘어서, 대중문화의 유행과 트렌드를 반영하는

개념으로 번졌다. 남녀의 의식에 자극과 일대 변화를 주는 빅뱅이 되었다.

한국사회에서는 언제부터 헤어스타일이라는 말을 사용했을까? 적어도 한국전쟁 이후를 보면 세간에 자주 등장하고 있음을 알 수 있다. 1955년 5월 10일자 동아일보에는 "요즘 유행하고 있는 쇼트 헤어 · 스타일이 가장 적당합니다."라는 기사[9]에 헤어스타일이라는 표현이 나타난다.

헤어웨어 : HairWear, 머리카락을 입다

헤어웨어는 신어(新語)이다. 'Hair + Wear = 머리카락을 입다.' 의미로 볼 때 맞지 않는 표현이다. 그래서 낯설고 생경한 말이다. 헤어웨어는 21세기 초반에 씨크릿우먼SSecretWoman이라는 기업이 최초로 만든 용어이다. 현대에 들어와 가발이 부족한 머리숱을 감추기 위해 쓰는 용도로 선호되었다면, 헤어웨어(그림10)는 아름다움을 연출하기 위해 입는다는 의미가 담겨 있다. 헤어웨어의 기원은 두 가지 전통의 산물에서 출발한다. 그 두 가지는 조선의 전통복식과 옛 한옥이다.

조선시대 왕실의 전통복식에는 시각적으로 도드라진 부분이 있다. 화미한 머리장식, 즉 가체이다. 가체는 화미(華美)의 속뜻처럼 환하게 빛나며 곱고 아름다운, 그러면서도 부피감을 지닌 결정체라 할 수 있다. 현대의 시선에 비친 가체는 머리 공간을 띄워 풍성한 볼륨을 살린 심미적 스타일인 것이다. 이러한 가체의 특징을 보다 생생히 전해주는 기록이 전해지고 있다. 조선왕조의 주요행사를 그림과 글로 편찬한 『의궤(儀軌)』이다. 그중에서도 『가례도감의궤(嘉禮都監儀軌)』가 있다.

가례도감은 조선왕실에서 왕은 물론 왕세자와 왕세손의 혼례가 있을 때 이를 전담하는 임시기구였다.[10] 그리고 혼례의 모든 절차과정을 그림과 글로 세밀하게 기록하여 보존했다.

때는 1638년. 조선 16대 왕 인조는 첫 부인 인열왕후가 사망하자 계비 장렬왕후와 혼례를 올렸는데 1638년 10월부터 12월까지 행해 졌다.[11] 당시 성대하게 치른 혼례식 풍경이 『인조장렬왕후 가례도감의 궤(仁祖莊烈王后 嘉禮都監儀軌)』에 전해지고 있다. 장렬왕후의 혼례복 중 에서 체발(髢髮) 68단(丹) 5개(個)라는 품목이 적혀 있다.[12] 이는 장렬왕 후의 가례에서 체발량을 68단 5개로 마련했다는 의미이다.[13] 눈여겨 볼 대목이다. 체발은 가체를 만들기 위해 사용하는 머리 1단의 재료 를 말한다. 단의 숫자는 머리를 크고 풍성하게 보이기 위해 넣은 체발 의 수를 가리키는 것이며 이 단을 얼마나 높이 올리는가에 따라 3개 에서 5개까지 사용한 것으로 보인다.[14]

잠시 그날의 혼례식 풍경을 상상해 본다. 장렬왕후는 68단 5개의 체발로 층층이 쌓아올린 가체로 꾸미고 왕후의 자리에 올라섰을 것이 다. 왕후의 가체는 화미의 절정이 었고 그 어느 때보다 화려했을 것 이다. 무엇보다 그 풍성함으로 사 람들의 눈길을 끌어 모았을 것이 다. 이러한 가체의 전통을 현 대적으로 리디자인(Re-Design)

그림 10 헤어꿰어

한 것이 헤어웨어이다.

　조선시대 주거양식을 대표하는 한옥. 그 백미는 사대부의 기와집과 궁궐이다. 이들 한옥의 구조적 특징을 살리는 몇 가지 요소에 서까래, 대들보, 공포가 있다. 서까래는 지붕을 올리는 역할을 하는데 지붕의 뼈대와 같다. 그 형상이 언뜻 신체의 갈비뼈를 연상케 한다. 대들보(樑)는 교량처럼 기둥과 기둥 사이에 가로질러 놓인 것으로서, 지붕에서 내리누르는 엄청난 하중을 분산하기 위해서 설치된 구조물이다. 이렇듯, 대들보는 한옥의 중추적인 역할을 맡고 있다.[15] 마지막으로 공포이다. 공포(栱包)는 처마와 기둥 사이에 설치된 장식으로 지붕의 하중을 기둥으로 전달하는 역할을 한다. 또한 궁궐건축에 사용된 공포는 실내 내부공간을 확장하고 건물의 높이를 높여 전체적으로 건물의 격을 높여 주고 웅장하게 만들어준다.[16] 공포는 궁궐건축의 권위와 위엄을 보여주는 미적 요소이다.[17] 서까래와 대들보와 공포를 이음새 없이 이어 맞춘 궁궐건축에서 처마가 여러 층으로 구성되어 있으나 실제 내부는 하나로 된, 이른바 통층식 중층(重層)구조를 볼 수가 있다. 이를 가장 완벽한 대칭성으로 보여주는 건축물이 경복궁 근정전이다. 이러한 궁궐의 통층식 중층구조는 헤어웨어의 복층구조 형태로 진화했다.

　전통복식인 가체, 옛 한옥의 진수인 궁궐건축의 요소들은 실용성과 심미성을 동시에 가지고 있으며 탁월한 시각적 조형미를 선사한다. 헤어웨어는 그 조형미를 응용하여 동양인 특유의 납작한 두상을 입체적으로 성형하여 두각을 살려주었다. 헤어웨어는 단순한 머리장식이나 의복의 경계를 넘어선, 전통유산을 테크놀로지와 공간 디자인으로 빚은 새로운 감각이자 또 하나의 세계이다.

　머리카락은 가늘고 긴 세계이다. 그러나 그 안에는 인류의 각양각색 문화가 채색되어 있다. 머리카락과 함께한 인류의 서사가 파노라마처럼 펼쳐진다. 신들의 세계, 그림 속 요괴, 몽골의 대초원, 로마제국의 사치, 켈트족 수도사들의 삶, 영국의 혁명, 조선의 여인들, 프랑스 대혁명의 폭풍전야, 식민지 조선의 근대, 아메리카 원주민들, 문학에서 만화로, 히피의 시대로… 머리카락의 숱한 변신을 보면 인류는 마치 주술사와 같다. 수천 년 동안 이어져온 머리카락에 담긴 인류문화. 이제 그 긴 여정이 열린다. 머리카락 속에 스며든, 녹아든, 새겨진 세계가 서서히 뚜렷해지기 시작한다. 주술사의 머리카락이 보인다.

신화는

이 세상의 꿈이지 다른 사람의 꿈이 아닙니다.

신화는 원형적인 꿈입니다.

인간의 어마어마한 문제를 상징적으로

현몽(現夢)하고 있는 원형적인 꿈입니다.

ㅡ조셉 캠벨Joseph Campbell, 『신화의 힘The Power of Myth』

PART 1

신화와 전설 :

신비, 과시, 신성

고구려 고분벽화 속의 여인들[18]

여인들이 다소곳이 어느 한 곳을 바라보며 서 있었다. 이들은 대체 누구일까?

고분벽화 한쪽에 희미한 흔적으로 남아 있던 이름들이 차츰 선명해졌다. 여인들은 모두 세 명이었다. 한 명은 '유화(柳花)', 다른 한 명은 '연희(蓮姬)', 마지막 여인은 '도화랑(桃花郎)'이라고 쓰여 있었다. 유화, 연희, 도화랑. 이 세 여인들은 닮아 보였다. 하나같이 볼에 연지, 곤지를 찍었으며 눈가에는 화장을 했다. 소매가 넓은 저고리에 잔주름치마 차림은 같았으나 머리 모양만큼은 사뭇 달랐다.

세 여인들이 있는 곳은 고대의 무덤 속이었다.

유화의 머리 모양은 흔히 얹은머리라 불렸다. 당시 고구려 여인들의 흔한 머리 모양이었으리라. 유화가 말하기를,

"제 머리는 올린머리라 하지요. 머리카락을 뒷머리에서 앞머리로 감아 돌리죠. 그리곤 그 끝을 앞머리 중앙에 감아 꽂아 넣습니다. 그렇게 하면, 지금 보는 것과 같은 머리가 되지요."

유화의 말이 끝나자, 연희가 기다렸다는 듯이 말을 이었다. 자신의 머리 모양에 대해 조근조근 말했다.

"머리를 잘 빗질하여 가운데를 보이게 한 뒤에, 좌우 양쪽에 상투를

틀어 올렸지요. 쌍계식 머리라 합니다만, 어떤 이는 쌍상투라 부르기도 합니다. 저처럼 아직 혼례를 올리기 전에 하는 머리랍니다."

끝으로 도화랑이 빙긋 미소 짓더니 거들었다.

"제 머리를 푼기명머리라 합니다. 먼저 머리카락을 뒤로 내립니다. 하지만 그 머리카락의 일부는 묶고, 일부는 남겨두어 제 얼굴 양쪽으로 늘어뜨린 것이지요. 이 머리는 남자들도 즐겨 한답니다."

여인들의 머릿결에서 형형색색의 빛이 흘러내렸다. 그것은 기묘한 일이었다.

유화, 연희, 도화랑. 세 여인들은 언제 그랬냐는 듯이 벽화 속에 고요히 서 있었다. 여인들의 자태는 긴 세월의 풍화 속에서도, 그 얼굴 표정과 숨결을 잃지 않았다. 천 오백 년 전 이 땅에 살았던 여인들. 유화, 연희, 도화랑은 죽은 자들의 옛무덤 속 그림이 아니었다. 고구려 여인들의 아름다움을 고스란히 전해주는 실체였다. 여인들의 머리 모양은 시대의 징표였다.

신비로움과 마법,
그리고 유혹과 구원

지중해와 에게해의 푸른빛이 감도는 그리스 신화는
도처에서 여신들의 유혹과 수많은 영웅들의 활약이 돋보이는
신비로움 그 자체였다.
영국과 북유럽 역사의 배경이 된 켈트족은
대서양에서 피어오르는 안개 너머에서
온갖 마법의 향연을 선사하였다.
슬라브 신화, 그건 동유럽과 러시아 탄생 이전의 세계이다.
중국에서는 인간과 귀신과 정령이 공존하며
에로스와 구원이 펼쳐졌으니 이를 기담이라 칭한다.
대평원을 달리고, 초원에서 유목을 하던 몽골인들은 새를 숭배했다.
초원의 바람처럼 자신들의 이야기를 전하여 설화가 되었다.
신비로움과 마법, 그리고 유혹과 구원은
인간의 머리카락 속에서 또 어떤 빛깔로 환생했을까?

01

그리스 신화 속
여신들

지금 여기, 여주인공들이 하나 둘 존재를 드러낸다.

한 명은 아름다움과 사랑의 여신 아프로디테Aphrodite. 무사이 여신들(Mousai : 영어이름은 뮤즈 Muse, 예술의 혼과 정신을 상징하며, 예술적 재능을 가지고 태어난 여신들이다[19]). 마지막 한 명은 크레타의 공주 아리아드네Ariadne, 미로 속으로 들어간 테세우스Theseus에게 실타래를 건넨, 그 지혜로운 여인. 화가의 손끝에서 탄생한 아프로디테, 무사이 여신들, 그리고 아리아드네의 모습에는 당대의 풍속이 묘사되어 있다.

그리스 신화 속의 우아한 여신과 여인의 존재는 신비로움의 절정이다. 오로지 상상과 환상계에서만 접할 수 있기에 더더욱 우리의 시선을 끌어당긴다. 이 여신들이 상상이 빚은 산물이라 하더라도 그리스 여인들의 모습이 투사되어 있을 터. 여신들의 머리 모양은 어떠했을까? 그 모델이 된 그리스 여인들은 어떤 머리 모양과 머리장식을 선호했을까? 르네상스 시기의 명화가 멀리 보인다.

15세기 후반 이탈리아, 섬세한 손길을 지닌 화가가 훗날 르네상스 회화를 대표하는 한 편의 걸작을 완성했다. 조개 위에 비스듬히 서 있는 풍만한 여신의 맵시, 그 위로 스치는 바람. 여신의 탐스러우면서 길게 흘러내린 머릿결이 매력적이다. 여신의 이름은 아프로디테. 작품의 제목은 《아프로디테의 탄생》(그림11). 화가의 이름은 산드로 보티

그림 11 《아프로디테의 탄생》, 산드로 보티첼리, 1485년

첼리(Sandro Botticelli, 1455~1510)이다.

아프로디테의 온몸을 휘감고 있는 길고 부드러운 머리 모양은 고대 그리스 여인들이 즐겨 했던 스타일이다. 기원전 4세기~2세기, 그리스 여인들은 앞머리를 꼬불꼬불하게 하고 긴 머리를 뒤쪽으로 늘어뜨렸다.[20] 그런데 그리스인들은 태생적으로 금발머리가 드물었다. 금발머리가 무척이나 귀한 탓에, 귀족들 사이에서 금발염색이 인기를 모았다. 금발머리는 뭇 사람들의 시선을 사로잡았을 것이다. 여신 아프로디테의 모델은 보티첼리가 흠모한 여인으로 널리 알려져 있다. 그녀는 피렌체의 명문가로 이름 높은 메디치가의 시모네타 베스푸치 Simonetta Vespucci였다.

고대 그리스 여인들은 "노란 꽃을 으깬 물에 헹구어 황금색으로 착색했다"[21]고 한다. 이 노란 꽃의 정체는 무엇일까? 추측컨대 '번홍화'라는 꽃이 아니었을까. 기독교 성서에는 '번홍화(番紅花)'[22]라는 꽃이 등장한다. 이 꽃을 영어로는 샤프란 Saffron이라 하는데 어원은 노란색을 뜻하는 아랍어 Sahafaran에서 왔다. 샤프란은 '황금색의 염료'라는 것을 말해준다.

그림 속 아프로디테에게서 두 명의 여인이 겹쳐진다. 번홍화로 염색한 금발머리에 꼬불꼬불 긴 머리를 늘어뜨린 채 지중해의 바람을 음미하는 고대 그리스 여인과 천재의 마음을 사로잡았으나 병에 걸려 끝내 사랑을 이루지 못한 귀족 여인 시모네타.

그로부터 150년쯤 뒤인 1640년. 프랑스 루이 13세(Louis XIII, 1601~1643)의 궁정 수석화가 시몽 부에(Simon Vouet, 1590~1949)는 태양신 아폴로와 아홉 명의 관능적인 여성들을 묘사한 작품을 남겼다.

제목은 《아폴로와 뮤즈》(그림12)이다.

　이 아름다운 여성들은 올림푸스 12신의 주신 제우스Zeus와 기억의 여신 므네모시네Mnemosyne 사이에서 태어난 딸들로 미술, 음악, 문학과 같은 예술의 여신, 뮤즈이다. 이들이 무사이의 아홉 여신들이다. 아홉 명 중에 머리에 꽃 장식을 한 여신들이 보인다. 이 꽃 장식은 시몽 부에가 섬세한 상상력으로 빚은 소품이 아니다. 기원전 4세기~2세기, 그리스 여인들은 꽃, 천을 넣은 호화로운 머리장식으로 멋을 냈다. 꽃은 그리스 여성의 인생에 있어 중요한 의식 때마다 나타났는데, 오늘날 결혼식의 부케가 이때 화관과 화환에서 유래한 것이다.[23] 그 외에도 그리스 여인들은 보석으로 만든 일종의 왕관인 티아라Tiara로 머리를 장식했다. 티아라는 높은 권력과 지위를 상징적으로 나타내기 위함이었다.

그림 12 《아폴로와 뮤즈》, 시몽 부에, 1640년

영웅 테세우스Theseus는 괴물 미노타우로스Minotauros를 죽이기 위해 크레타 섬의 미궁 속으로 들어가려던 차였다. 아리아드네Ariadne는 그런 테세우스에게 붉은색 실 뭉치를 건넸다. 테세우스는 붉은색 실을 풀며 미궁 속으로 걸어 들어갔다.

그리스 신화의 명장면을, 19세기경 프랑스의 화가 귀스타브 모로(Gustave Moreau, 1826~1898)가 유화로 재현했다. 제목은 《아리아드네와 테세우스》(그림13). 고대 그리스 문명 이전 기원전 2000년~1400년 사이 지중해 크레타 섬을 중심으로 크레타 문명(또는 미노아 문명)이 번성했다. 해양 한가운데 섬을 배경으로 그리스 신화의 에피소드 한 편이 극적으로 펼쳐진다. 크레타 섬의 통치자인 미노스 왕Minos에게는 아름답고 지혜로운 공주이자 사랑스런 딸이 있었다. 그녀가 아리아드네였다. 그러나 아리아드네는 아버지의 뜻을 거역하고 위기에 빠진 테세우스를 도와준다.

그림 13 《아리아드네와 테세우스》, 귀스타브 모로, 19세기

귀스타브 모로가 그린 아리아드네는 그때의 상황을 상상으로 표현한 것인데, 그녀의 머리 모양을 주목해 보라. 아리아드네는 두 가닥으로 가지런하게 땋아 길게 내린 머리 모양에 머리띠를 두르고 있다. 반묶음머리 스타일이다. 20세기 아일랜드 문학의 거장 패드라익 콜럼

그림 14 《아리아드네와 테세우스》,
윌리 포가니의 일러스트레이션, 1921년

(Padraic Colum, 1881~1972)이 쓴 그리스로마 신화 『황금양털과 아킬레우스 이전의 영웅들』이 있다. 이 작품에 수록된 아리아드네와 테세우스의 이야기에는 전설적인 일러스트레이터 윌리 포가니(Willy Pogany, 1882~1955)의 삽화(그림14)가 실려 있다. 아리아드네의 반묶음머리 스타일을 발견할 수 있다.

이와 유사한 머리 모양을 한 여인이 또 있다. 크레타 섬에서 발견된 기원전 1700년경으로 추정되는 크노소스 벽화의 여주인공으로, 후대 사람들이 붙인 명칭은 《파리지엔느》La Parisienne(그림15)이다. 흑단처럼

새까만 눈동자를 지닌 커다란 눈, 이마를 덮을 듯이 흘러내린 꼬불꼬불한 머리카락, 길게 땋아 뒤로 내린 머리카락.[24] 파리지엔느라는 이름을 가진 여인의 머리 모양은 신화 속 아리아드네와 닮아 있다.

그리스 신화에서 남성적인 신과 오디세우스Odysseus 같은 영웅만 존재했다면 핏빛 전쟁과 거친 근육질의 모험담으로 넘치는 세계에 지나지 않았을 것이다. 다행히도 그 거친 세계를 전혀 다른 빛깔로 채색한 것은 여신과 여인의 서사다. 그것은

그림 15 《파리지엔느》, 기원전 1700년경

여신과 여인만이 가진 신비로움이 신화의 또 다른 이야기를 물들이고 있었기에 가능했다. 그 신비로움은 때로는 아프로디테가 가진 천상의 아름다움이었고, 무사이 여신들의 관능미였으며, 위기에 처한 영웅을 돕는 아리아드네의 지혜였다. 그리고 그 모든 신비로움에 섬세함이 깃들게 한 것은 여신과 여인의 머리 모양과 머리장식이다. 내로라하는 걸출한 화가들이 그토록 그리스 신화를 찬미한 데는 이유가 있었을 것이다. 여신과 여인의 탐스럽고 단아한 머리 모양에 빠져들었는지 모를 일이다. 이렇듯 머리 모양에는 신화와 당대의 생활사와 예술의 숨결이 스며 있다.

02

슬라브 신화,
물의 여인에게 빠져든 거장

        푸른빛이 감도는 호수에 어둠이 내려앉자 여인의 소곤거리는 음성이 낮게 퍼져나갔다. 그 음성을 접한 이들은 헤어날 수가 없었다. 어느 사이엔가 발걸음을 호수로 되돌리고 있었다. 호수에는 물기에 젖은 긴 머리카락을 매만지는 여인이 기다리고 있었다. 그 여인은 루살카였다.

  작가 토마스 불핀치는 명저 『그리스로마 신화』에서 루살카를 다음과 같이 묘사한다.

> 남부 여러 지방의 루살카들은 그 미모와 상냥한 목소리로 나그네를 유혹한다. 북부의 루살카들은 밤늦게 강둑을 산책하는 경솔한 남자나 여자를 확 낚아채 물 속으로 떨어뜨려 죽이는 일밖에 생각지 않는다. 태양과 푸른 하늘 나라의 루살카의 품안에서는 죽음조차 거

의 달콤하다. 그것은 일종의 안락사이다.[25]

루살카Rusallka(그림16: 19세기 러시아 화가 콘스탄틴 마코브스키(Konstantin Makovsky, 1839~1915)의 작품《루살카들》)는 물에 빠져 죽어 원혼이 된 존재로, 슬라브민족의 신화에 등장하는 죽음의 여신이자 물의 요정이다. 인간의 형체를 한 괴수가 정확할 듯싶다. 결코 가까이 다가가 손을 뻗어서는 안 되는 존재인 것이다. 루살카가 지닌 아름다움은 부드러운 목소리와 길고 치렁한 머리카락에 있지만, 그 아름다움은 한 발자국만 다가가면 순식간에 퍼져 목숨을 잃는 치명적인 독과 같다. 그런데 이토록 위험한 물의 여인, 루살카에게 빠져든 예술의 거장들이 있었다. 게다가 그들은 루살카의 아름다움을 찬미했다. 그녀의 머리카락은 보는 이의 마음을 파고들어 뒤흔드는 강렬함을 선사했다. 그건 유혹이었다.

러시아의 시인 알렉산드르 푸시킨은 1815년 '루살카'라는 제목의 시 한 편을 남겼다.

> …그리고 갑자기 …한밤중의 그림자처럼 가볍고
> 언덕 위 쌓인 눈처럼 새하얗게
> 벌거벗은 처녀가 나타나
> 말없이 호숫가에 앉아 있네
> 늙은 수도승을 이글거리는 듯 바라보면서
> 젖은 머릿결을 빗어 올리는 처녀
> 아름다운 그 모습 바라보고 있네

그림 16 《루살카들》,
19세기 러시아 화가 콘스탄틴 마코브스키(Konstantin Makovsky, 1839~1915)의 작품

처녀가 그에게 손을 흔들더니…

호숫가에서 젖은 머릿결을 빗고 있는 새하얀 육체의 루살카. 이를
바라보며 시선을 떼지 못하고 있는 늙은 수도승은 누구일까? 노인이
되었으나 불같이 타오르는 욕망에 휩싸인 푸시킨이 아니었을까. 푸시
킨의 언어에는 루살카의 유혹이 가득하다.

루살카의 짙은 유혹에 빠져든 또 한 명의 거장이 있다. 소설가 이반
투르게네프(Ivan Sergeyevich Turgenev, 1818~1883). 1872년에 발표한 그

의 소설 『봄 물결』에는 여주인공 마리아 니콜라예브나 폴로조바와 남주인공 사닌이 연애를 한다. 그런데 폴로조바에게서 루살카가 풍기는 머리카락 이미지가 끊임없이 넘실거린다.

> …그녀의 짙은 아마색 머리카락은 땋아져 있었지만, 그녀는 그것을 아직 묶지 않고 머리 좌우로 늘어뜨리고 있었다…
> …그녀는 고개를 흔들어 양쪽 뺨에 흘러내린 머리카락을 뒤로 넘겼다.
> …잿빛의 탐욕스런 눈, 볼의 보조개, 뱀 같은 편발, 이 모든 것들이 그에게 귀찮게 달라붙는 것 같았다. 과연 그는 이것들을 뿌리치고 팽개쳐 버릴 수 없는 것일까, 그것은 불가능한 것일까?[26]

투르게네프가 창조한 폴로조바라는 여성은 루살카의 에로스적인 버전이었을 것이다. 야생의 자연미와 강한 유혹미를 발산하고 있었다. 소설을 보면 폴로조바의 머리 모양을 뱀 같은 편발로 묘사하고 있다. 편발(編髮)은 귀밑머리라 해서, 양쪽 귀 윗부분부터 머리를 하나로 모아 땋아 길게 늘어뜨린 모양을 말한다. 설렘과 두려움을 동시에 품은 야생의 아름다움이 투르게네프가 빚은 루살카인 것이다.

구 체코 시절 프라하 남부의 작은 도시 비소카. 그곳 별장에 머무는 노인이 새로운 작품을 구상하며 호수를 산책하고 있었다. 순간 적요한 호수의 표면과 대기가 흔들리며 노인에게 무언가가 스쳤다. 그의 무의식에서 무수한 장면들이 빠르게 스쳤다. 루살카의 이미지였다. 산책하던 호수의 이름 또한 루살카 호수였다. 노인은 당대 최고의 작곡가 안토닌 드보르작(Antonin Dvorak, 1841~1904)이었다. 그 역시 루살카에게 빠져든 인물이다. 1901년, 드보르작은 노년의 걸작이자 최후의 오페라를 남겼다. 3막으로 된 오페라 《루살카》이다. 드보르작의 루살카는 슬라브 신화 속의 전통적인 루살카처럼 맹독을 품은 촉수가 보이지 않았다.

루살카의 이미지와 스토리는 자유롭게 변형된 것 같다. 그렇다 하더라도, 호수에 사는 물의 요정, 인간의 형상을 섞은 괴수라는 모습과 다르지 않다. 거장이 애착을 가진 대상은 슬라브 신화 속 여인, 루살카였으리라. 말년의 드보르작은 자신의 별장 근처 루살카 호숫가에 걸터앉은 루살카를, 물기에 촉촉이 젖은 그녀의 긴 머릿결을 상상하며, 오선지 위에 그려 넣었을 것이다.

루살카는 오늘날 중부유럽과 러시아 곳곳에 널리 퍼져 있는 슬라브 신화 속 여인이다. 루살카와 거의 흡사한 이미지의 여인으로는 그리스로마신화 속 세이렌이 있다. 그러나 루살카는 기괴하고 저주스런 이미지로 나타나지 않는다. 달콤함으로, 유혹의 그림자로 다가와 손을 내민다. 섬세한 감각의 소유자들이었던 푸시킨, 투르게네프, 드보르작의 손끝에서 다시 태어난 루살카. 미려한 머릿결을 늘어뜨린 채 지금도 루살카 호숫가에 있을 것만 같다.

03

켈트 민담,
대문호를 사로잡은 요정의 세계

켈트족, 켈트 민담과 전설. 켈트Celts는 우리에게 미지의 낯선 세계이다. 그들의 후예인 아일랜드, 스코틀랜드, 웨일스의 소도시가 물씬 풍기는 목가적 분위기가 친숙하게 다가오는 정도일 것이다. 이런 풍경 사이에는 켈트 선조들부터 구전으로 전해져 오는 무수한 전설과 민담이 숨 쉬고 있다.

그는 유년시절부터 켈트 민담과 전설을 사랑했다. 시인이 된 그는 20대 시절이 되자 아일랜드인 사이에서 전해져 오는 이야기들을 수집하기 시작했다. 그렇게 해서 3부작 민담집을 출간했다. 1888년에는 『아일랜드 농민의 요정담과 민담』을, 1892년에는 『아일랜드 요정의 이야기』를, 1893년에는 민담집 『켈트의 여명』을 선보였다. 이 책들을 집필한 시인이자 극작가가 훗날(1923년) 노벨문학상을 수상한 대문호, 윌리엄 버틀러 예이츠(William Butler Yeats, 1865~1939)이다. 젊은 날의 예이츠가 발품을 팔아 아일랜드 전역을 누비며 채록했을 민담에는 인간 이성을 초월하는 신비로운 빛과 마법의 세계가 진풍경으로 펼쳐진다. 예이츠가 펼친 민담은 허구와 현실의, 초자연적 존재와 인간의 모호한 경계를 넘나든다.

요정이란 무엇인가?··· 요정들은 '지상의 신'일까? 그럴지도 모른다!··· 과연 요정들이 죽기도 할까? 블레이크는 요정들의 장례식을 보았다고 한다. 하지만 아일랜드에서는 요정을 불멸의 존재로 본다.[27]

예이츠는 요정을 만나고 싶어 했다. 그가 채록한 민담 속에는 신비로운 머리카락을 가진 요정들이 등장한다. 켈트 민담에서 빛나는 머리카락의 이미지는 무엇일까? 먼저, 거친 바다에 사는 메로우Merrow가 있었다. 예이츠가 전하는 바에 따르면, 메로우는 온몸이 비늘로 덮여 있으며 머리카락은 녹색이어서 그 색깔만으로도 신비로움과 기이함을 자아내기에 충분했다. 메로우는 녹색 머리카락을 지닌 요정이다.

···가까이에서 보니까 여인은 노파도, 늙은 고양이도 아니었습니다. ···머리카락이었습니다. 양쪽 어깨 위로 늘어뜨린 머리카락이 땅 위로도 한 1m는 늘어져 있었으니까요. ···기억하는 한 그때까지 사람한테서 그런 머리카락은 본 적이 없었습니다. ···그 색깔이 말로 설명하기 힘들 정도로 신비로웠습니다. 처음 잠깐 봤을 때는 평범한

노파들과 같이 은회색 백발로 보였습니다. 하지만 …명주실처럼 매끄럽게 윤기가 흘렀습니다. 이 머리카락이 여인의 어깨 위로, 머리를 기대고 있는 균형 잡힌 두 팔 위로 흘러내렸는데, 정말이지 그림에서 본 막달라 마리아 성녀님과 똑같았습니다.[28]

길이는 1미터, 은회색의 빛깔, 명주실처럼 매끄러운 윤기, 그리고 마리아의 모습을 닮은 정체는 무엇일까? 반쉬^{beansidhe}라는 요정이다. 명주실처럼 길고 윤기가 흐르는 반쉬의 긴 머리가 아일랜드인들에게는 성녀의 이미지를 연상케 했던 모양이다.

예이츠가 남긴 3부작 민담집의 마지막이 『켈트의 여명』이다. 여기에 수록된 아일랜드의 구전 이야기 중에 '헬렌의 눈이 먼지로 덮였다'는 제목의 민담에는 미스터리한 여인이 등장한다. 젊은 날의 예이츠를 사로잡은, 그의 언어를 수놓은 이 여인은 누구일까?

여인의 이름은 메리 하인즈^{Mary Hynes}. 세상을 떠난 지 이미 60년의 시간이 지났다. 어린 나이에 죽은 것으로 추측될 뿐이다. 세간의 기억에서 소멸됐을 세월이건만, 이 여인의 흔적은 세상을 떠돌고, 여전히 사람들의 마음속에 박힌 채 남아 있다. 여인을 만났던 사람들은 누구나 잊지 못한다. 그녀를 떠올리며 회상에 젖는다. "메리 하인즈는 하느님의 창조물 가운데 가장 아름다웠지." 메리 하인즈는 사람들의 기억 속에서도 생생하게 존재한다. 메리 하인즈가 아름답다는 사람들의 말은 일치했으나 서로 갈라지는 지점이 하나 있었다. 그녀의 머리카락에 관한 기억이었다. 메리 하인즈는 양쪽 뺨을 타고 내려온 구불구불한 갈래머리를 하고 있었다. 사람들은 그녀가 은빛을 품은 머리 빛깔이라 기억했다. 또 어떤 이들은 그녀의 머리카락이 금빛이었다고 기억했다. 아니면 은빛과 금빛 사이 어디쯤의 혼재된 빛이었을까. 머리카락의 빛에 관한 기억은 엇갈렸으나 머리카락이 아름다움의 결정체인 것만은 일치했다.

켈트족에게 머리카락은 또 다른 의미도 있었다. 그들의 내면이 담겨 전해져왔다. 아일랜드, 스코틀랜드, 웨일스의 뿌리인 켈트족의 집단 무의식의 한 단면을 엿볼 수 있다. 정신분석학자 칼 구스타프 융(Carl Gustav Jung, 1875~1961)의 말처럼, 이것은 "정신의 공통분모"[29]였다. 켈트족에게 머리는 가장 신성한 신체 부위였다.[30] 부연하면, 중세 시대 웨일스에서는 상대의 머리카락을 잡아당기는 행위를 개인의 명예를 훼손하는 가장 큰 경멸과 죄악으로 여겼다. 그래서였을까. 13세기 웨일스 법전의 삽화에는, 머리카락을 잡아당기는 모습이 그려져 있다.[31] 법전의 내용에는 개인의 명예를 훼손하고 모욕을 준 자에 대한 처벌 규정이 명시되어 있었다. 켈트족의 집단 무의식에 담긴 머리카락은 개인의 명예를 상징하는 신체였다. 제임스 조지 프레이저(James G. Frazer, 1854~1941)의 『황금가지』를 통해서 본다면 머리카락은 인류문화의 터부였기에, 머리카락의 명예나 신성은 켈트족 이외에서도 볼 수 있다. 이처럼 인간의 무의식은 서로 연결되어 있기도 하다.

그런데 민담 속 메리 하인즈는 실존 인물이었을까? 아니면 아일랜드인들의 입에서 입으로 전해지며 각색된 허구의 산물이었을까? 아일랜드인에게는 실존 인물일 수도 구전을 통해 각색이 된 상상의 결합체일 수도 있다. 하지만 이후로도 빛이 나는 머리카락을 소유한 아름다운 여인, 메리 하인즈를 향한 기억과 찬미는 변하지 않을 듯싶다. 민담의 생명력은, 요정의 세계는 인간의 시간보다는 훨씬 무한하기에. 젊은 날의 예이츠는 메리 하인즈라는 여인의 존재를 믿었는지도 모른다. 그녀의 빛나는 머리카락과 갈래머리에 매료된, 대문호의 설렘이 느껴진다.

04

중국의 전설,
기이한 이야기

중국은 천변만화(千變萬化)의 시공간이다. 땅이 넓고 다양하니 지리적 환경의 변화가 다양하다. 인간들의 전쟁이 멈추지 않았으니 역사도 다양하다. 사람들이 무수하고 여러 민족이 모여 사니 민간에서 떠도는 전설 또한 형형색색이다. 이것이 천변만화이다.

때로는 둔갑술에 능한 여우가, 때로는 한 맺힌 서늘한 원귀가, 또 어떤 때는 신선이 등장하기도 했다. 이 기이한 이야기들은 저자거리 행인들이 전해주거나 친구의 입담을 통해서 전해 들었는데, 참으로 흥미로웠다. 밤이 되면 그는 낮 동안 들은 이야기들을 자신의 서재인 요재에서 빠짐없이 기록했고 그 위에 상상을 불어넣었다. 그는 서당을 꾸려 나가며 어렵게 살았으나 사람들이 전하는 괴기스런 환상에 자신의 붓과 먹으로 덧칠하는 작업을 매일 밤 멈추지 않았다. 그렇게 이야기를 모으고 글을 쓰기를 40여 년, 모두 500여 편의 이야기가 빼곡히 쌓였다.

놀랄 만큼 방대한 양을 수록한 전설모음집이 탄생했다. 책의 제목은 '요재(저자의 서재 명칭을 말함)에서 기록한 기이한 이야기'라는 뜻을 가진, 『요재지이(聯齋志異)』 저자는 가난한 서당의 선생 포송령(蒲松齡, 1640~1716). 이때가 청나라 초기 강희제 재위시절인 17세기 말에서 18세기 초 사이다. 그 무수한 전설 중에 한 편의 이야기가 있다. 화벽(畵壁). 벽화 속의 미인이라는 뜻이다.

사찰의 불당을 둘러보던 주효렴의 눈길이 멈췄다. 불당에 그려져 있는 탱화 속 소녀였다. 길게 늘어뜨린 소녀의 머리채가 몹시 아름다웠다. 화공이 그린 그림일 뿐인데, 소녀가 빙긋 미소 지으며 말을 건넬 것만 같았다. 일순간, 그림 속 소녀가 주효렴을 끌어당겼다. 그림 속으로 들어간 주효렴이 마주한 소녀는 이러했다.

> …다시 소녀를 쳐다보았더니 이미 머리채를 높이 틀어 올려 봉황잠이 귓가에까지 늘어지고 있었는데, 머리채를 치렁치렁 늘어뜨렸을 때보다 훨씬 요염하고 아름다웠다. [32]

벽화 속 소녀의 아름다움은 머리에 있었는데 상반된 두 가지 모습으로 거듭 변신을 한다. 처음 그림 속에 있는 소녀는 길게 늘어뜨린 머리카락, 즉 머리채가 돋보였다. 그러나 그림 속에 들어가 본 소녀는 머리 모양이 사뭇 달라져 있었다. 머리를 위로 틀어 올린 뒤에 봉황잠을 꽂은 모습이었다. 봉황잠(鳳凰簪)은 비녀의 일종으로, 비녀의 머리인 잠두(簪頭) 부위에 봉황이 장식된 것이다. 봉황은 부귀와 상서로움을 의미한다. 봉황잠을 한 여인에게서는 단아한 아름다움이 흐르기 마련이지만, 그 단아함의 이면에서 남자의 마음을 호리는 소녀의 교태가 풍겼던 모양이다. 소녀의 길게 늘어뜨린 머리채는 순수함이었으나 봉황잠을 한 소녀는 유혹이었다. 벽화 속 소녀의 모습 또한 천변만화였다.

『요재지이』속에 묘사된 길게 늘어뜨린 소녀의 머리채가 주는 이미지는, 1964년 일본영화 『괴담Kwaidan』의 설녀 이미지와 흡사 유사하다. 이 영화는 라프카디오 헌(Lafcadio Hearn, 1850~1904)이 메이지 시대에 쓴 일본의 전설집 『괴담』을 원작으로 한다. 영화 속 설녀(雪女, ゆきおんな, 유키온나)는 눈 속에 사는 요괴로서 양면성을 지니고 있다. 긴 머리를 풀어헤친 모습일 때는 무채색의 서늘함을, 곱게 손질한 머리를 하고 있을 때는 여인의 단정함을 보여준다.

> 이 마을에 작은 여자아이가 살았어. 강물처럼 찰랑이고, 샘물처럼 촉촉하고, 물방울처럼 반짝이는, 아주 긴 머리카락을 가진 여자아이였어. 마을 사람들은 이 여자아이를 '긴 머리'라고 불렀지.[33]

어느 날, 긴 머리 여자아이가 죽을 고비에 처한 사슴을 구해주었다. 세월이 지나 사슴은 심한 가뭄에 허덕이는 여자아이의 마을을 위해 샘물을 알려주었다. 그러나 목숨을 각오해야 했다. 그 물은 산의 주인인 산도깨비의 것이었다. 여자아이는 목숨을 각오하고 산도깨비의 물을 훔치는 대신 산도깨비의 가혹한 벌을 자청했다.

산도깨비는 화가 잔뜩 나 있었지.
약속을 어겼구나! 사람들한테 내 샘물의 비밀을 알렸으니 용서할
수 없다. 너를 흐르는 물속에 눕혀 네 긴 머리카락이 영원히 물살에
씻기도록 만들어 버리겠다. [34]

그러나 긴 머리 여자아이는 목숨을 구해줬던 사슴의 도움으로 자신
의 긴 머리카락을 잘라 산도깨비를 속이고 위기를 넘겼다.

이 이야기는 중국 남부 귀주성의 먀오족(苗族) 사이에서 전해져 오
는『긴 머리 여자아이』전설이다. 긴 머리 여자아이는 자신의 길고 검
은 머리가 흰 머리가 되기도 하고, 모두 잘려나가기도 하는 위기와 고난
을 겪는다. 절체절명 속에서도 목숨을 잃지 않고 마을과 먀오족을 구
할 수 있었던 힘은, 오로지 하나였다. 긴 머리카락이었다. 전설 속에
서 여자아이는, 그 긴 머리카락은 마법을 부려 마을을 살릴 수 있는
유일한 구원자였다.

중국의 전설에서 만난 머리카락은 다채로운 색깔을 지녔다.

그것은 신비로움과 유혹과 구원. 신비로움과 유혹의 양면성은 혼란
스러운 나머지 다음 장면을 예측할 수 없는 긴장감을 자아낸다. 쉽게
헤어 나오기 힘든 상황으로, 어느 순간 빨려 들어가고 만다. 구원은
최후의 절망 속에서도 목숨을 부지할 수 있음을 의미한다. 그런 이유
로 긴 머리 여자아이는, "할머니, 걱정 마세요. 머리카락은 금세 다시

자랄 거예요."라고, 아무렇지도 않은 듯, 모든 것을 비운 듯 무심하게 말할 수 있다. 어쩜 긴 머리 여자아이는 불교의 보살, 무심자(無心子)가 아닐지.

05

몽골 설화,
새머리 모양의 기원

                       호오르(морин хуур, huur, 馬頭琴,
마두금, 몽골 전통 현악기를 말함)가 현을 울리자 장중한 이야기들이 대초
원에서 피어올랐다. 젖으로 이루어진 바다, 즉 '숭Song 바다'가 펼쳐졌
다. 세계의 중심에서 '숨베르Sumber 산'이 솟았다. 영원한 하늘 '텡그리
Tengri'가 빛났다. 그리고 영웅과 하늘과 초원의 동물들 이야기가 더해
졌다.

    이를 한데 묶어 입담 좋은 이야기꾼들이 흥을 담고 삶을 녹이고 초
원의 상상을 입히니, 시간이 쌓여 몽골 설화가 되었다. 몽골 설화는
샤먼의 주술이자 유목민의 토템totem이다. 또 다른 세계로 들어가는
입구이다.

    몽골의 전통 중에, 결혼한 외몽골 여성의 독특한 머리 모양이 있다.

구부러진 반원의 커다란 날개 모양으로, 머리 양쪽에 고정하는 장식물이 있다. 바로 떼르구르 우스teregur ushi라고 부르는데, 이 머리장식을 한 여성은 독수리처럼 큰 새가 날개를 반쯤 접고 있는 머리 모양으로 화려한 변신을 한다. 하필 왜 새의 날개 모양일까? 또 어떤 새일까? 몽골 여인의 새 머리 모양의 비밀은 무엇일까? 여기에는 몽골의 설화, 즉 몽골의 신화와 이어진다.

> …멀리 남쪽에서 한 떼의 검은 구름이 쏜살같이 날아와 그 흰 게르의 지붕 위로 세 번을 돌면서 날았다. 검은 구름 사이로 흰 구름 한 조각이 꿈틀거리며 나오더니 곧바로 내려가 하얀 게르의 천창으로 날아 들어갔다. 항가리드는 남은 세 딸 가운데 하나도 없어지지 않고 그대로 있는 것을 보게 되자 매우 기뻐하며 딸들에게 물었다…
> …그때 거대한 항가리드가 날아와서 그 황금 상체에 하체가 은으로 된 망아지를 낚아채서 날아갔다…
> …노파에게서 필요한 모든 정보를 듣고, 막내 사위는 게르 가까운 곳에 숨어서 항가리드를 기다리고 있었다. 갑자기 회오리바람이 일어나며 항가리드가 게르의 천창에 앉으려고 하는 순간, 막내 사위는 화살을 당겨 항가리드의 심장을 맞혔다.[35]

'왕과 사위, 항가리드 이야기'라는 설화에는 용맹하고 영리한 왕의 사위가 항가리드를 화살로 죽이는 장면이 나온다. 하늘에서 날아온 거대한 항가리드, 그 정체는 무엇일까? '에링 샌 하르누뎅 체윙후'라는 그들의 설화 속 노래에 단서가 나온다.

오랜 옛날 좋은 때의 시작이며, 악한 때의 마지막에,

숨베르 산이 작은 구릉이고

숭 바다가 작은 웅덩이였을 때

항가리드가 큰 매였으며…36

항가리드는 딸도 있고 언어도 구사하는 한편 큰 매였다고 묘사하기도 한다. 항가리드의 실체는 반인반수(伴人伴獸)로 보인다. 사람의 몸을 하였으나 커다란 새의 날개를 가진 괴수의 형체. 항가리드Khangarid Bird의 항(Khan, 보통 칸으로 읽는)은 왕을 뜻하며 몽골의 땅을 창조했다는 새들 중의 왕, 조왕(鳥王)이다. 신화를 지배하는 새인 것이다. 항가리드는 가루다Garuda라는 별칭을 가지고 있기도 하다. 항가리드는 몽골인들이 성산으로 믿는 복드 항 산(Bogd Khan, 실제 울란바토르 남쪽에 위치함)의 주인으로 전해져 온다. 항가리드가 현재 몽골의 수도 울란바토르의 휘장에도 등장하는 것을 보면 신화의 전통은 현재진행형인 것이다.

몽골인들에게 새는 특별한 의미가 있는 듯싶다. 지금은 사라졌지만 그들의 전통 장례식이 조장(鳥葬)이라 하여 시신을 들판에 두어서 새나 짐승의 먹잇감이 되도록 하는 것이었다. 새의 먹이가 된 인간의 영혼이 하늘로 올라가기를 바라는 기원이었고 제의였다.

외몽골 여인의 머리장식 떼르구르 우스는 항가리드를 상징하는 것이다. 새의 왕이, 몽골 대초원의 창조주가 곧 여인이라는 이야기이다. 수호신과 같은 위치라 할 수 있다. 그들의 머리장식은 대초원이 머금은 신비를 표시하고, 영웅의 서사를 완성하고 빛내는 절정이다. 말을

탄 전사들의 핏빛 전장 속에서도 초원의 푸름이 유지되었던 것은 여성이 잉태한 저력 때문이었을 것이다. 몽골의 유목민들은 자신들의 터전을 짓고 지키는 존재가 여성이기를 바랐을 것이다. 그래서 결혼한 여성들이 새의 날개를 연상케 하는 머리 모양으로 꾸몄으리라.

　이야기꾼이 설화 한 대목을 끝낼 때마다 어둠 속에 둘러앉아 있던 유목민들이 드맑은 미소를 지으며 저마다 짧은 칭찬을 전한다. 오오해, 오오해. 이야기꾼에게 좋다, 재밌다는 뜻으로 건네는 추임새다.

신화의 고리

그것에는 영혼이 있으므로 타인의 손을 허락하지 않았다.

자칫 어긋나는 순간 희생양이 되기도 했다. 금기였다.

또한 숙명이 되기도 했다.

그것은 여인의 아름다움을, 남성의 육체를

권력자의 능력을 보여주기 위함이었다. 과시였다.

그것은 신과 맺은 약속이었다.

그것은 피를 흘려야 했기에 두려움의 대상이었다.

증오와 복수의 결정체였다.

그것은 아름다움과 강인한 힘에 대한 질투였으며

탐욕에 대한 경고였다. 저주였다.

어디 그뿐이던가.

그것은 종교의 이름으로 금지당했다. 또 다른 저주였다.

이 모든 것을 연결하는 고리가 인간의 머리카락이었다.

06

황금가지의
터부

"머리카락은 터부의 상징이다."

제임스 조지 프레이저는 인류문화사에서 머리와 머리카락을 터부의 영역으로 바라본 탁월한 발견자일 것이다. 이를 이해하기 위해서는 터부taboo라는 말의 속살을 들여다봐야 한다.

터부는 일반적으로 알듯이 단지 금기만을 의미하지 않기 때문에, 각주가 필요하다. 남태평양 폴리네시아인들 사이에서 사용하는 말인 터부에는 두 가지 상반된 뜻이 포함되어 있다. 이를 깊이 있게 이해한 인물이 있었다. 정신의학의 창시자 지그문트 프로이트(Sigmund Freud, 1856~1939)다. 그는 『토템과 터부』라는 탁월한 저서에서 터부를 두 측면에서 해석한다. 하나는 '신성한', '봉헌된'이고, 또 하나는 '끔찍한', '무서운', '금지된', '순수하지 못한'을 의미한다고 말했다. 터부의 한 면이 금지 또는 금기라는 신호를 보내는 순간, 정반대편에는 신성이라

그림 17 《황금가지》, 윌리엄 터너, 1834년

는 신호가 숨 쉰다는 의미다. 터부에서 금기와 신성을 간파한 것은, 프로이트의 빛나는 통찰이다.

다시 제임스 조지 프레이저에게 시선을 돌려보자. 그는 터부의 상반된 이미지를 어떻게 접근했을까? 방대한 문헌에서 흥미로운 광경들을 발견한 그는 긴 시간에 걸쳐 찬란한 걸작을 완성한다. 그가 남긴 『황금가지』(그림17)를 펼치면, 머리와 머리카락에 관한 터부가 수많은 가닥의 이야기처럼 흘러나온다.

많은 민족은 머리를 특별히 신성시한다. 왜 머리에 특별한 신성성을 부여했는가 하는 문제는 종종 머리가 어떤 영혼을 내포하고 있고, 그 영혼은 위해나 무례에 대해 매우 민감하다는 신앙으로 설명되어 왔다…

인간의 머리가 신성하고 그것을 만지는 일을 중대한 죄악이라고 생각했다면, 머리카락을 자르는 일 또한 매우 주의를 요하는 중대사로 여겼을 법하다.[37]

프레이저는 머리와 머리카락의 금기를 다루기에 앞서, 먼저 영혼과 신성의 존재를 향해 다가간다. 그리고 영혼과 신성을 대하는 인간의 의식을 추적한다. 그는 무수한 원시 신앙과 풍습의 사례를 들어, 사람들이 머리와 머리카락에 영혼이 있다고 믿었으며 신성하게 여겼다고 해석한다. 다시 말해, 프레이저는 머리와 머리카락에서 영혼을 발견하고 신성이라는 지점에 도달하는, 사람들의 의식을 발견한 것이다. 그는 캄보디아에서는 타인의 머리에 손을 대는 행위는 범죄로 여겼다고 말한다. 그래서 사람들 사이에서 머리와 머리카락은 접근할 수 없는 불가침으로 자리하는 것이다. 손을 대는 자, 머리 위로 지나가는 자, 상대를 모욕한 죄에 해당하니 자신의 목숨을 내놓아야 하는 처지에 놓일 수밖에. 바로 터부가 출현한 것이다. 이러한 연유로 머리와 머리카락은 사람들 사이에서 터부로 굳어져 갔다.

프레이저는 몇 가지 궁금증이 더 남아 있었던 것 같다. 그건 삭발 의식과 잘려나간 머리카락에 관한 내용이었다. 프레이저는 터부의 비밀을 찾아 더 깊숙한 원시의 세계로 향했다. 드디어 남태평양 피지섬에서 단서를 찾았다.

…어쩔 수 없이 머리카락을 잘라야 할 때는 그에 다른 위험을 줄이기 위한 방법이 강구되었다. 피지 섬의 나모시족 추장은 머리카락

을 자르기 전에 만일을 대비하여 반드시 사람 하나를 잡아먹었다고 한다. …머리카락을 잘라낸 자도 터부시된다. 그의 손은 신성한 머리카락을 만졌기 때문에 그 손으로 음식물을 만져서도 안 되고, 다른 일을 해서도 안 된다. [38]

머리카락을 자르기에 앞서, 사람을 제물로 받쳤다. 즉 짐승이나 사람을 자신들이 믿는 신에게 바치는 의식인 희생제의(犧牲祭儀)였다. 이는 원시적인 삶을 살던 이들이 밀려드는 두려움과 솟구치는 공포를 진정케 하려는 누대에 걸친 생존방식이었다. 『폭력과 성스러움』의 저자 르네 지라르(Rene Girard, 1923~2015)의 시선으로 보자면, 성스러움으로 은폐하고 감춘 집단 폭력과 다르지 않았을 터. 머리카락을 자른 사람까지도 철저히 금기시해야 하는 대상으로 취급받았다.

원시적인 신앙을 가진 이들은 잘라낸 머리카락을 어떻게 했을까? 가장 안전하다고 여긴 장소인 땅 속에 묻거나, 묘지 안에 봉인하여 고이 보관했다고 한다. 그렇게 해서 머리카락이 누군가의 손아귀에 들어가 악용되는 것을 막기 위한 방법이었다고. 머리카락의 영혼이 불러오는 위험과 해로움과 사악함으로부터 멀리 벗어나기 위함이었다고, 프레이저는 이야기한다.

『황금가지』에 묘사된 머리와 머리카락이 지닌 터부는 풍기는 이미지부터 지금까지와는 사뭇 다르다. 그러나 프레이저는 깊은 해석과 통찰로 알았을 것이다. 머리와 머리카락의 터부가 일부 문화권 사람들 사이에서만 받아들여지는 인식이 아니라는 것을. 그것은 동양과 서양, 문명과 원시라는 인위적이고 협소한 구분은 물론, 그 어느 계통에 속하지 않은 삶에서도 표출되는 전통이다. 금기와 신성은 다르면서도 같은 이형동체(異形同體)이다. 머리와 머리카락은 이를 가장 극적으로 보여주는 상징이다.

07

여왕 디도,
그 숙명의 고리

　　　　　　　　멀어져 가는 아이네이아스의 배는 무심했다. 불꽃같은 사랑과 자신이 이룩한 왕국과 왕위까지 주었음에도 아이네이아스는 카르타고를 떠났다. 절망한 카르타고의 여왕 디도. 떠난 자가 남긴 체취와 기억이 묻은 수많은 물건들에 불을 붙였다. 디도는 뜨겁게 타오르는 불길에 스스로 몸을 던졌다. 그러나 디도의 영혼은 온전했다. 신들이 저지른 숙명 앞에서 한 인간은 비통에 절규했으리라. 이를 지켜보던 빛과 결혼의 여신 헤라Hera가 디도를 위로하기 위해 자신의 전령인 무지개 여신 이리스Iris를 보냈다. 그런데 이리스는 단검을 손에 쥐고 디도에게 다가갔다. 디도의 긴 머리카락을 한 움큼 잡아 단검으로 잘랐다.

　18세기 영국에서 활동한 화가 존 헨리 푸셀리(John Henry Fuseli, 1741~1825)의 작품《디도》(그림18)는 디도의 비극적 숙명을 묘사하고

그림 18 《디도》, 존 헨리 푸셀리, 1781년

있다. 대체 이리스가 디도의 머리카락을 자른 이유가 무엇일까? 지중해 바람 너머, 밀려드는 신들의 음성과 인간들의 애잔한 사연 속으로 들어가 보자.

기원전 1200년경 스파르타와 트로이 사이에서는 자존심을 건 일대 격전이 벌어졌다. 10년이라는 기간 동안 인간들의 혈투이자 신들의 격돌 속에서 찬란한 영웅들이 명멸해 갔다. 그중에서 생존한 인물이, 아이네이아스Aeneas다. 그가 누군가. 트로이 왕자 안키세스Anchises와 여신 아프로디테Aphrodite 사이에서 태어난 아들이다. 인간의 피와 신의 신성이 온몸에 흐르는 영웅인 것이다.

호메로스Homeros의 『일리아드』에서는 아르고스의 왕 디오메데스Diomedes가 던진 돌에 맞은 아이네이아스가 허리 힘줄이 끊어지고 살이 짓이겨지는 처참한 몰골이 된다. 하지만 그는 여신의 아들이 아니던가. 여신이자 어머니인 아프로디테 덕분에 되살아난다. 트로이 전쟁에서 패배한 그 역시 배를 타고 오디세우스처럼 지중해를 떠돌던 끝에 도착한 곳이, 북아프리카의 항구 카르타고(그림19: 윌리엄 터너의 《카

그림 19 《카르타고를 건설하는 디도》, 윌리엄 터너, 1815년

르타고를 건설하는 디도》였다. 그때 피폐해진 아이네이아스를 따뜻하게 반겨준 여인을 만난다. 카르타고를 건설한 여왕 디도^{Dido}이다.

신의 아들 아이네이아스와 여왕 디도는 첫 만남(그림20)부터 격정적인 사랑에 빠져들었다. 디도는 지중해를 건너온 이 남성을 정성을 다해 품어주며 상처를 치유해 주었다. 그런데 신들이 그어놓은 숙명의 시간이 드리워져 있음을, 디도는 알지 못했다. 아이네이아스가 신의 아들이라는 태생적인 배경이 기어이 요동쳤다.

독신을 고집하던 여왕 디도는 자신도 모르는 사이에 아프로디테의 의도에 휘말리는 신세가 된다. 아프로디테의 심부름을 받은 사랑의 신 에로스(Eros, 영어로는 큐피드Cupid라 부름)가 쏜 황금화살이 디도의

그림20 《디도와 아이네이아스의 만남》, 나대니얼 댄스 홀랜드, 1766년

가슴을 관통한다. 아이네이아스에게 사랑을 품게 된 것이다. 아프로디테는 아들이 평화로운 곳에서 살기를 기원했을 것이다. 피비린내가 진동하는 인간세계와 인연이 끊어지기를 바랐을 것이다.

알 수 없는 때가 다가왔다. 아이네이아스 앞에 제우스의 명을 받은 헤르메스가 나타났다. "고향으로 돌아가라! 새로운 나라를 세우라!" 이것은 절대 거절할 수 없는 신탁Oracle이었다. 아이네이아스는 눈물로 호소하는 여왕 디도를, 그녀의 간절한 손길을 무시한 채 카르타고를 떠났다.

아이네이아스의 배가 무심히 멀어져 갔다. 그리고 디도의 아름다운 형체는 불꽃이 되었다. 자신의 의지와 상관없이 이성을 사랑한 디도. 그녀는 왕국의 통치자 이전에 여성이었다. 17세기 루벤스의 《디도의 죽음》(그림21)을 보면 허공을 바라보는 그녀의 눈빛이 허망하기 그지없다. 그녀의 비애가 전이된다. 불길이 디도의 몸을 불살랐음에도 디도의 영혼을 가득 채운 슬픔까지 지우지는 못했다. 그녀의 깊은 사랑과 그만큼 컸을 배신감은 그대로 남았다. 이를 딱히 여긴 헤라가 이리스를 보내 디도가 슬픔과 고통에서 벗어나도록 했다. 이리스는 단검을 들어 디도의 긴 머리카락을 한 움큼 잘라냈

그림 21 《디도의 죽음》, 루벤스, 1640년

다. 그제야 디도의 영혼이 사방으로 흩어지며 자유로워졌다. 구속받지 않는 세계로 떠났으리라. 그녀의 긴 머리카락은 신들이 정해놓은 질서와 무자비하게 헝클어진 인간사의 고리이자 숙명의 고리였다.

사람들은 디도의 사랑과 정성에 헌사를 보냈고, 디도는 예술가에게 영감을 불어넣는 것으로 화답했다. 16세기 영국의 극작가 크리스토퍼 말로(Cristopher Marlowe, 1564~1593)는 희곡 『디도, 카르타고의 여왕』을 발표했는데, 스스로 당당하게 죽음을 선택하는 여왕 디도를 형상화했다. 1689년 영국의 작곡가 헨리 퍼셀(Henry Purcell, 1659~1695)이 작곡한 걸작 오페라 《디도와 아이네이아스》가 초연되었다. 아이네

이아스를 떠나보낸 디도가 자신의 죽음을 선택하는 여인으로 표현된다.

하지만 신화 속 여왕 디도는 비통했을 것이다. 숙명은 인간에게 가혹한 시련을 주었고 오직 신만이 숙명을 풀 수 있었으니 이 얼마나 얄궂은가. 디도는 왕국의 여왕 이전에 배신당한 여인이었다.

08

영원히 나무로
변신한 다프네

린네는 한참동안 낯선 한 그루 나무의 잎과 열매를 관찰했다.

중국에서는 상서로운 향기를 지녔다 하여 서향(瑞香)나무라 했으며 그 향기가 천리를 간다 하여 천리향(千里香)이라는 별칭도 붙었다. 문득 서향나무의 학명이 스쳤다. 서향나무는 월계수(학명: 라우러스 노빌리스Laurus nobilis로 기품이 있는 녹색나무의 뜻을 지님)와 닮았으면서도 달랐다. 특히 잎과 열매는 엇비슷했다. 린네는 상상 속의 한 여인이 떠올라 만족스런 미소를 지었다. 나무의 요정이었다! 서향나무의 학명을 정했다. 다프네(학명:Daphne odora). 다프네가 월계수가 된 사연을, 린네는 익히 알고 있었다. 식물학자 칼 폰 린네(Carl von Linne, 1707~1778)의 머릿속에서는 월계수가 된 나무의 요정, 다프네의 형상이 보였다. 그리고 서서히 다프네에 얽힌 신화 속 이야기가 펼쳐졌다. 월계수 나무에서는 기품이, 그 잎에서는 다프네의 머릿결이 반짝였다.

　제우스의 아들 아폴론Apollon은 강의 신 페네우스Peneus의 딸 다프네Daphne에게 반했다. 첫사랑의 신열을 앓았다. 그러나 다프네는 거절하고 도망쳤다. 둘의 관계는 애초부터 이루어질 수 없었다. 오래전 아폴론에게 심한 놀림과 모욕을 당했던 에로스가 되갚아준 것이다. 복수였다. 에로스가 다프네에게 화살 두 대를 날렸다. 오비디우스Ovidius는 서사시 『변신이야기』에서 상황을 이렇게 묘사했다.

　　사랑을 부르는 화살은 황금색으로서 날카로운 촉이 반짝거리지만, 사랑을 쫓아내는 화살은 뭉툭한 납촉이 달렸다. …이 화살을 페네우스의 딸에게 쏘았고, 다른 화살은 포이부스(아폴론의 별칭)에게 쏘았다. [39]

　이때부터 사건은 깊어진다. 아폴론은 다프네에게 사랑을 고백하지만 다프네는 사랑을 완강히 거부했다. 숙명과 비극이 잉태한 것이다. 아폴론은 다프네의 머릿결을 보며 더더욱 매료되어 사랑에 빠져들었다. 오비디우스의 묘사는 이러했다.

　　몸단장에도 관심이 없어서 하나의 머리띠만으로 흐트러진 머리칼을 대충 묶을 뿐이었다. …목덜미까지 길게 흘러내린 다프네의 머리카락을 쳐다보면서… 얼굴에 불어오는 가벼운 바람은 머리카락을 뒤쪽으로 나부끼게 했다. 달아나는 다프네는 가만히 서 있을 때보다 더 아름다웠다. [40]

그림 22 《아폴론과 다프네》, 윌리엄 워터하우스, 1908년

   에로스의 화살에 꽂힌 아폴론은 시간이 지날수록 산과 들판을 자유
롭게 노닐며 사냥을 즐기는 다프네의 모습에 빠져들었다. 어깨 아래
로 길게 흘러내린 다프네의 머릿결이 바람에 나풀거릴 때면, 아폴론
은 밀려드는 설렘과 솟구치는 깊은 욕망에 젖었다. 그럴수록 다프네
에게는 위기와 남성에 대한 두려움이 몰려왔다. 바로 이 순간을 생생
하게 포착한 영국의 화가가 존 윌리엄 워터하우스(John William Water-
house, 1849~1917)이다. 그의 작품《아폴론과 다프네》(그림22)에는 격정

과 두려움에 휩싸인 다프네의 감정이 뒤섞여 공존한다.

　다프네는 도움을 요청할 수 있는 유일한 인물인 아버지 페네우스에게 향했다. 그 뒤를 아폴론이 쫓았다. 이번에는 18세기 르네상스 화가 조반니 바티스타 티에폴로(Giovanni Battista Tiepolo, 1696~1770)가 《다프네를 쫓는 아폴론》(그림23)에서 쫓고 쫓기는 위태로운 상황을 묘사했다.

　결국 다프네는 아버지의 도움을 받아 온몸이 나무로 바뀐다. 인간으로서 다프네의 마지막을, 오비디우스는 기록자처럼 남겼다.

그림 23 《다프네를 쫓는 아폴론》, 조반니 바티스타 티에폴로, 1774년

기도가 끝나자마자 심한 마비 증세가 그녀의 사지를 사로잡았다. 다프네의 부드러운 유방은 얇은 나무껍질로 변했고 머리카락은 잎사귀가, 양팔은 나뭇가지가 되었다. 그토록 빨리 달려왔던 양발은 활기 없는 나무뿌리로 바뀌었고 얼굴은 나무의 우듬지가 되었으며…[41]

다프네의 변신을 그린 이가 프랑스에서 활동한 화가 아만드 포인트(Armand Point, 1861~1932)이다. 그는 상상이 아닌 오래전 기억을 더듬어 회상하듯 묘사한다. 작품명은 《아폴론과 다프네》(그림24). 월계수가 되어가는, 아니 기이한 외형이 되어가는 다프네의 온몸은 애달프고 구슬펐으나 신비로웠다. 다프네의 머릿결은 월계수 잎사귀가 되어갔다. 안타깝지만 이 또한 신이 그어놓은 숙명이다.

그림 24 《아폴론과 다프네》, 아만드 포인트, 1919년

그렇게 다프네는 우리가 아는 월계수가 되었다. 훗날 그 월계수가 올림픽 마라톤 우승자에게 선사하는 특별한 선물이 되자 다프네의 이야기는 이미지로만 남았다. 하지만 예술가가 지닌 감각의 촉수

는 다프네를 그림으로 그리거나 선율에 담아 노래했다. 1938년, 독일의 대작곡가 리하르트 슈트라우스(Richard Strauss, 1864~1949)가 작곡한 오페라《다프네》가 독일 드레스덴 국립 오페라 하우스 젬퍼오퍼The Semperoper에서 초연되었다. 말년의 대가는 웅장함과 섬세함을 쉴 새 없이 오가며 나무가 된 다프네의 영혼을 달래주는 듯하다. 오늘날 다프네를 기억할 수 있는 것은, 식물들에게 학명을 지어주던 식물학자의 세밀함, 화가들의 감정이입, 음악가의 영감에서 기인한다. 다프네는 나무가 되었으나 불멸의 존재가 된 것이다.

09

니소스 왕의
보랏빛 머리카락

스킬라Scylla는 그 탑에 올라가지

말았어야 했다.

이미 비극이 도사리고 있는 곳이었다. 그 탑에 올라가면 신묘한

노래가 들려왔다. 노래의 주인공은 사람이 아닌 노래하는 성벽이었

는데, 아폴론 때문에 생겼다. 성벽이 노래하는 광경을, 마음껏 즐길

수 있었으니 얼마나 황홀했을까. 그런데 그 탑에서는 또 하나가 보였

다. 전쟁의 장수 미노스Minos였다. 오비디우스는 미노스를 이렇게 그

렸다.

…미노스가 깃털 장식 투구를 쓴 모습은 정말 아름다웠다. 그가 들
고 있는 번쩍거리는 청동 방패도 아주 잘 어울렸다. [42]

스킬라는 노래하는 성벽의 노래와 미노스에게 흠뻑 빠져들었다. 그 것은 불행이었다. 스킬라는 지루하게 이어지는 전쟁의 한복판에 서 있다는 사실을 까마득하게 잊고 말았다. 일대 공방전이 벌어지던 전쟁이 잠시 휴지기였을 뿐이었다. 스킬라는 자신이 왕의 딸임을, 미노스가 자신의 아버지를 죽이기 위해 침략한 적국의 장수라는 현실을 망각했다.

고대 그리스에서는 숱한 도시국가들이 명멸해 갔다. 그중, 메가라는 그리스 서쪽 끝에 위치한 국가였다. 메가라의 통치자는 니소스 왕Nisos이었고, 그의 딸이 스킬라였다. 니소스는 미노스의 공격을 막아내고 있었다. 그런데 스킬라는 짝사랑 앞에서 어리석은 판단을 내린다. 미노스가 원하는 바를 가져다준다면, 그를 사랑으로 대한다면 전쟁이 멈추고 평화가 찾아올 것이라고. 드디어 중대한 계획을 실행하는 스킬라. 그녀는 잠자는 아버지 곁에 다가갔다. 아버지 니소스 왕에게는, 절대 지켜야 할 커다란 비밀 하나가 있었다.

그건 머리카락에 관한 비밀이다. 니소스 왕의 머리카락은 온통 백발인데 정수리 부위에만 보랏빛 머리카락 몇 올이 자라 있었다. 백발 사이에 자란 보랏빛 머리카락에는 무슨 비밀이 있기에 지켜야 했을까?

고대 그리스에는 옴팔로스omphalos가 존재했다. 그곳은 세계의 배꼽이라는 뜻을 지녔는데 세계의 중심을 의미한다. 옴팔로스에는 델포이 신탁oracle of Dephoi이 있었다. 신녀 피티아Pythia가 신의 예언을 듣고자 찾아오는 인간들을 맞이하였다. 몸을 정갈히 하고 희생양을 바친

그림 25　로마의 《빌라 파르네시나의 갈라테이아 로지아의 서쪽 벽면 벽화》, 세바스티아노 델 피옴보, 16세기

자는 피티아의 인도에 따라 신 앞에 다가갈 수 있었다. 그 신이 아폴론이다. 옴팔로스는 아폴론이 살면서 예언을 하는 델포이 신탁이 이루어지는 신성한 공간이었다. 니소스 왕 또한 델포이 신탁을 찾았을 것이다. 그리고 니소스 왕의 보랏빛 머리카락이 그의 왕국을 안전하게 보호해 주는 신성한 표식이 된다는 예언이 내려졌을 것이다. 니소스 왕의 보랏빛 머리카락은 왕국의 생명을 이어주는 심장이었다. 절대 손댈 수 없는 금기였다. 기필코 지켜야만 했다.

　그러나 스킬라의 손이 영원한 비밀을 해제했다. 오비디우스의 말처럼, "아버지의 침실로 조용히 들어가 보라색 머리카락을 잘라냈다."[43] 스킬라는 아비와 왕국의 생명을 끊어놓고 무너뜨렸다. 영원처럼 긴 침묵 속에서 이루어졌을 이 장면을, 15세기 이탈리아 화가 세바스티아노 델 피옴보(Sebastiano del Piombo, 1485~1547)가 놓치지 않았다. 로마의 빌라 파르네시나의 갈라테이아 로지아의 서쪽 벽면에 위치한 벽화(그림25)가 그것이다. 벽면 반월창에는 스킬라가 아비의 머리카락을 가위로 자르는, 붕괴의 찰나가 담겨 있다.

19세기 초, 프랑스 화가 니콜라 앙드레 몽시오(Nicolas-Andre Monsiau, 1754~1837)의 그림(그림26) 속 스킬라는 더욱 대담한 모습으로 등장한다. 사랑에 눈이 완전히 멀었으리라. 왕의 침실을 지키는 근위병들이 뒤편에 있음에도, 그녀는 개의치 않는다.

그림 26 《스킬라》, 니콜라 앙드레 몽시오, 1806년

금기를 넘은 자, 게다가 혈연을 배신한 자, 영원한 형벌을 받으리라.

미노스는 아비의 머리카락을 가져온 스킬라에게 저주를 퍼붓는다. 미처 예상치 못한 반응에 처한 스킬라는 절규를 하며 스스로 죽음을 선택한다. 그조차 뜻대로 되지 않은 채, 한 마리 새로 전락한다. 새의 이름은 키리스. 스킬라는 전설의 새가 되어 신화 속 세계를 여전히 떠돌고 있을 것만 같다. 신탁을 받은 니소스 왕의 보랏빛 머리카락을 건드린 죄가 이토록 가혹했을 줄이야.

　스킬라는 그 탑에 올라가지 말았어야 했다. 그리고 문을 열지 말았어야 했다. 아폴론이 만든 노래하는 성벽에서 흘러나오는 노래에 끌리지 않았을 것을…

10

복수와 자비의 여신

아비가 무참히 살해 되었다.

델포이 신탁을 찾은 오레스테스Orestes에게 신은 예언을 내렸다. "아비를 죽인 자, 그 또한 죽어야 한다." 오레스테스는 누나 엘렉트라 Elektra와 함께 복수를 실행에 옮기기 위해 먼 길을 떠났다. 아버지가 죽은 지 7년이 지난 시점이었다.

오레스테스는 드디어 아비를 죽인 자들을 단숨에 죽였다. 두 남녀 였다. 남자는 아비의 왕위를 찬탈한 미케네의 왕 아이기스토스Aegisthus였다. 여자는 그의 부인이며 미케네의 왕비이자 자신의 아비를 살해한 여자 클리타임네스트라Clytemnestra였다. 자신을 낳은 어머니였다. 칼자루를 쥔 오레스테스의 손이 떨려왔다. 오레스테스는 어머니의 가슴팍에 칼을 꽂아 아비의 복수를 갚았다.

오레스테스의 몸에 어머니의 피가 묻자 그들의 머리에 똬리를 튼 무수한 뱀들이 꿈틀대며 매서운 눈빛을 떴다. 그들은 에리니에스. 뱀의 형상을 한 에리니에스의 머리카락이 분노로 이글거리며 오레스테스에게 다가왔다.

에리니에스(Erinyes는 복수형이고, 에리니스Erinys는 단수형이다)는 세 자매이다. 이들은 복수의 여신으로 인간들은 물론 신들 사이에서도 두려움과 공포의 대상이다. 접근불가의 힘을 소유하고 있었다. 세 자매는 알렉토Alecto, 티시포네Tisiphone, 메가이라Megaira인데 서로 다른 성격을 지닌 존재였다. 알렉토는 '멈추지 않는', 티시포네는 '살인자에게 벌을 가하는', 메가이라는 '질투하는' 이라는 뜻을 지니고 있다. 세 자매가 하나로 뭉친 에리니에스는 가히 가공할 만한 힘을 보여준다. 이들의 임무는 무엇일까?

에리니에스의 최대 관심사는 부모살해와 신성모독이다. 부모를 살해한, 즉 인륜을 파괴한 자에게 철저한 응징을 가한다. 복수의 임무를 실행하는 것이다. 그래서 어머니를 살해한 오레스테스에게 나타난 것이다. 세 자매의 증오는 불길이 되어 치솟아 올랐고 오레스테스는 두려움에 떨었다. 오스트리아의 화가 칼 랄(Carl Rahl, 1812~1895)의《푸리에가 쫓는 오레스테스Orestes Pursued by the Furies》(로마신화에서는 에리니에스를 푸리에Furies로 표기함)(그림27)는 오레스테스에게 닥친 절체절명의 순간을 어두운 화풍에 담았다.

그런데 세 자매의 분노는 세상을 불태움과 동시에 완전히 얼어붙게 만들 것만 같았다. 에리니에스 머리의 뱀들은 화기와 냉기를 뿜어내고 있었다. 에리니에스의 머리카락은 증오와 복수의 다른 이름이다.

그림 27 《푸리에가 쫓는 오레스테스》, 칼 랄, 1852년

공포로 뒤덮인 형국을 《푸리에가 쫓는 오레스테스》(칼 랄의 작품명과 같
다)라는 작품(그림28)으로 형상화한 화가가 프랑스의 윌리엄 아돌프 부
게로(William Adolphe Bouguereau, 1825~1905)이다.

　이제 오레스테스는 에리니에스의 형벌을 받아야 할 처지에 놓이지
만, 아폴론의 말에 따라 아테나 신전으로 몸을 피한다. 그리고 오레스
테스는 법정이 있는 아레오파고스로 간 뒤 심판대 앞에 선다. 어머니
를 죽인 오레스테스와 이를 반드시 응징해야 하는 에리니에스. 이들
사이에 재판장이 등장한다. 전쟁, 지혜, 평화, 법을 관장하는 여신 아
테나Athena가 자리한다. 아레오파고스에서 재판이 열린 것이다.

그림 28 《푸리에가 쫓는 오레스테스》, 윌리엄 아돌프 부게로, 1862년

고대 그리스의 비극작가 아이스킬로스(Aeschylos, 기원전 525~기원전 456)는 오레스테스의 이야기라는 뜻을 지닌 『오레스테이아Oresteia』 3부작을 발표했다. 제목 그대로 주인공 오레스테스에 얽힌 비극을 다루고 있으며, 1부 『아가멤논』, 2부 『코이포로이』, 3부 『에우메니데스』로 구성되어 있다. 그중 3부 『에우메니데스』가 바로 죽음의 위기에 놓인 오레스테스가 아레오파고스의 법정에서 재판을 받는 이야기다.

재판의 결과는 어찌 됐을까? 아테나가 오레스테스에게 무죄를 내리고 에리니에스를 설득한다. 놀랍게도 증오와 복수로 가득한 에리니에스가 아테나의 선고를 수용한다. 그뿐만이 아니라 자비를 베풀겠다고 선언한다. 이와 같은 반전은 2부 '분노하는 여신들'이라는 뜻의『코이포로이』에서 3부『에우메니데스』, 즉 '자비로운 여신들'로 바뀐 이유를 말해주는 대목이다.

시퍼런 독기를 품은 뱀들로 꿈틀거리는 에리니에스는 증오와 복수의 화신이다. 이들 세 자매의 머리카락은 곧 응징과 처벌과 보복을 말하는 것이다. 그러나 그 이면은 자비와 자애로 이루어져 있다. 다시말해 에리니에스의 머리카락은 복수와 자비의 양면성을 갖고 있다. 이는 신화와 이야기의 흥미로운 설정, 캐릭터의 미묘함을 넘어서는 메시지다. 정반대를 향해 치닫거나 서로 마주 보고 돌진하거나, 화해 불가처럼 보이는 인간사의 궤적도 결국은 하나의 매듭으로 이어져 있음을 상징하는 것이다. 에리니에스의 머리카락에는 삶의 아이러니와 반전이 깃들어 있다.

11

메두사라는 이름의
여인

메두사는 뛰어나게 아름다웠고 많은 귀족의 선망의 대상이었습니다. 신체 부위 중에서 머리카락이 가장 아름다웠지요. …바다의 신 넵투누스가 미네르바의 신전에서 메두사를 욕보였다고 합니다.[44]

메두사의 머리를 자른 뒤에, 페르세우스Perseus가 한 말이다.

여신 아테나(로마신화에서는 미네르바Minerva로 표기함)는 두 가지 이유로 메두사를 저주했다. 하나는, 자신의 신성한 신전에서 포세이돈과 정을 통했다는 것이다. 그러나 포세이돈(Poseidon, 로마신화에서는 넵투누스Neptunus로 표기함)이 메두사를 욕보였다는 페르세우스의 증언은 묵살되었다. 또 하나는, 한낱 인간에 불과한 메두사가 자신의 금빛 머릿결을 여신에게 감히 과시했다는 것이다. 이로 인해 메두사는 아테나의 저주를 받아 머리에 수많은 뱀들을 안고 사는 괴물 신세로 전락했다. 게다가 마음까지 추해진 여인이 되고 말았다. 아테나는 분이 풀리지 않았는지, 메두사가 페르세우스의 칼날에 목이 날아가고 청동 방패에 머리가 붙은 채 영원히 살아가도록 만들었다. 그때부터 메두사의 머리가 붙은 무적의 방패를 아이기스의 방패^{aegis of aigis}라 불렀다.

신의 저주를 받은 메두사^{Medusa}. 그녀의 아름다운 머리카락만 아니었어도 신이 품은 탐욕의 대상이 되지 않았거나, 신 앞에서 자신을 지나치게 드러내지 않았을 것을. 메두사는 기괴함과 추함으로 뒤엉킨 괴물의 대명사가 되었지만, 탐미주의자들에게 메두사는 더없이 매력적인 존재로 기억된다. 탐미주의자들은 위험천만한 메두사의 무엇에 끌린 것일까?

때는 1590년대 말, 이탈리아 르네상스의 황금기. 20대 후반의 천재 화가의 손끝이 떨렸다. 계속된 폭음으로 썩은 술 냄새가 온몸에서 진동을 했지만 그의 눈빛은 빛났다. 드디어 완성을 했다. 갑작스러움에 놀란 나머지, 몹시 억울한 듯한 얼굴 표정 위로 꿈틀거리는 수십 마리의 뱀들. 잘려나간 목이 보였다. 기괴함과 섬뜩함, 그리고 불길함이 뱀으로 상징된 머리카락에 고스란히 묻어났다.

이 천재 화가는 미켈란젤로 메리시 다 카라바조(Michelangelo Merisi da Caravaggio, 1571~1610). 바로 카라바조의 본명이다. 시대를 넘어선 걸작 《메두사의 머리》(그림29)를 완성했다. 그는 르네상스 시대의 찬란한 예술의 세례를 물려받은 천재이면서 르네상스를 조롱하고 비튼 이단아이기도 했다. 카라바조는 화가로 사는 동안 살인과 폭행으로 얼룩진 일생을 보냈다. 그래서였을까. 그는 빛과 어둠이라는 양극단의 정서와 분위기를 절묘하게 다루는 재주가 돋보인다. 카라바조의 그림은 명암과 색채 대비가 대단히 선명하다. 신화 속 메두사의 형상화에서는 그의 특징이 뚜렷하게 흐른다. 예술적 천재성과 폭력성 사이를 오갔던 카라바조가 아니었다면 도저히 나올 수 없는 메두사

그림 29 《메두사의 머리》, 미켈란젤로 메리시 다 카라바조, 16세기 말

의 모습이다. 카라바조는 메두사를 통해 양극단에 선 자신의 자아를 봤는지 모른다. 그렇게 탄생된 메두사의 머리카락은 강렬해서 쉽게 잊히지 않는다. 카라바조는 열병을 앓다가 로마의 길거리에서 쓰러져 죽었다. 그때 그의 나이 서른아홉이었다.

카라바조가 활동하던 남부 유럽 이탈리아로부터 멀리 떨어진 북부 유럽의 벨기에. 비슷한 시기에 태어나 요절한 카라바조에 비해 30년은 장수한 화가가 있었다. 거장 페테르 파울 루벤스인데 그 역시 메두사에게 깊게 빠져들었다. 1618년 작 《메두사의 머리》(그림30)는 묘사가 세밀하고 강도가 세다. 아래로 내리깐 나머지 흰자위가 도드라진 메두사의 한쪽 눈. 그래서 강도는 증폭된다. 메두사의 잘린 머리 주변으로 난무하는 온갖 뱀들, 포효하고 꼬이고 아가리를 벌려 잡아먹는 형국이다. 거미와 도마뱀에 전갈까지 합세한다. 메두사의 머리카락은

그림 30 《메두사의 머리》, 루벤스, 17세기 초

지옥도의 살풍경을 압축해서 보여주는 듯하다. 신의 저주는 이토록 가혹한 것인가.

신의 저주를 받기 전 메두사는 어떤 모습이었을까? 어떤 여인이었을까? 그녀의 외모는 어느 정도나 매력적이었을까? 여기 또 한 명의 탐미주의자가 있다.

산업혁명의 열기로 들끓던 19세기 영국에서 새로운 메두사 그림이 공개된다. 길고 풍성하며 부드러운 금발 머릿결을 지닌, 첫눈에 반할 만한 외모로 나타난다. 화가 단테 가브리엘 로세티(Dante Gabriel Rossetti, 1828~1862). 그의 손에서 탄생한 《메두사》(그림31)는 이제껏 봐왔던 추함과 그로테스크함이 드리운 메두사의 얼굴과는 전혀 다른 분위기가 느껴진다. 한 여인의 평온함뿐이다. 메두사의 원제는 Aspecta Medusa인데, 아스펙타Aspecta의 뜻은 측면, 상이라는 뜻을 가진 아스펙트Aspect를 가리킨다. 즉 로세티의 속내는, 아름다웠던 메두사의 한

때를 추억하는 바가 아닐까.

메두사의 모델이 된 여인은 로세티와 실제 연인 사이였던 알렉사 와일딩Alexa Wilding이다. 로세티의 메두사는 저주가 내리기 전, 그 은은한 금빛 머릿결을 지닌 어느 평범한 여인에 불과해 보인다. 하지만 신의 폭압 앞에 평범한 여인의 형상은 오간 데 없이 변형되고 만다.

그림 31 《메두사》,
단테 가브리엘 로세티, 1877년

메두사를 사랑한 탐미주의자는 20세기 현대에 들어서도 끊이질 않는다. 이탈리아의 명품 패션 브랜드 '베르사체Versace의 심볼'(그림32)이 메두사이다. 탐미주의 디자이너 잔니 베르사체(Gianni Versace, 1946~1997)가 기괴한

그림 32 패션브랜드 베르사체(Versace)의 심볼

외모의 메두사를 브랜드 상징으로 정한 이유는 무엇이었을까?

베르사체의 메두사에서 뱀의 머리카락은 사라지고 모호한 이미지로 남는다. 그러나 표정을 알 수 없는 시선에서는 어떤 권위가 엿보인다. 베르사체가 메두사를 상징으로 정한 이유가 여기에 있다. 메두사

는 자신을 바라보는 모든 존재를 단단한 돌로 만드는 괴력의 소유자였다. 이처럼 "황금빛 메두사의 베르사체 패션은 보는 사람을 압도할 만큼 아름다운 힘을 가지고 있음"[45]을 노골적으로 드러냈다. 도발적인 상징이었다. 메두사를 향한 찬미와 애정은 끊이지 않는다. 어느 프랑스 학자는 메두사의 매력을 다음과 같이 표현했다.

> 메두사를 보기 위해서는 정면에서 그녀를 바라보는 것으로 충분하다. 메두사, 그녀는 치명적인 존재가 아니다. 그녀는 아름답다. 그리고 그녀는 웃고 있다. [46]

탐미주의자 베르사체는 화려하고 감각적이며 관능미를 추구하는 디자이너로 유명했다. 이러한 베르사체는 메두사에게서 흐르는 관능미를 발견하고 도취되었으리라. 베르사체의 선택은 성공한 셈이다. 뱀들로 뒤엉킨 머리카락의 메두사가 여전히 세계인의 사랑을 받고 있으니 말이다.

메두사의 머리카락과 부드러운 머릿결은 육체의 과시였다. 그 육체는 관능미였고 거절하기 힘든 강인한 끌림이었다. 신과 겨눌 정도로 자신감을 올려주기도 했다. 신은 그런 메두사의 관능미를 탐하고자 했고 끝내 메두사의 머리카락은 저주와 고통으로 돌아왔다. 메두사는 신의 진노와 저주로 추함과 기괴함과 지옥의 낯빛을 지닌 괴물이 되었다. 그건 불행이었다. 신화는 그렇게 메두사를 기억하지만, 탐미주의자들은 메두사를 탐닉했다. 그리고 미의 감각을 재창조했다.

12

성서,
삼손과 압살롬

두 남성 모두 자신의 죽음이 가까이 다가왔음을 알았다.

한 사람은 삼손. 그는 믿기지 않는 현실 앞에 놓여 있었다. 평소처럼 막강한 근육을 움직여 초인의 힘을 쓸 수가 없었다. 머리칼이 잘려 나가 있었다. 칼과 창으로 무장한 수십 명의 군사들이 힘없는 삼손에게 우르르 달려들었다. 삼손은 자신의 어리석음을 후회했다.

또 한 사람은 압살롬. 그는 이스라엘의 위대한 왕 다윗의 아들이었으나 지금은 반역자 신세가 되었다. 압살롬은 말을 타고 숨 가쁘게 도주하고 있었다. 그런데 긴 머리가 나뭇가지에 걸려 버렸고 압살롬의 몸이 허공에 매달리게 되었다. 그를 뒤쫓던 군사들이 사방에서 몰려왔다. 압솔롬은 자신의 최후를 직감했다.

성서에 그려진 삼손Samson의 최후는 이러했다.

> 데릴라가 삼손에게 자기 무릎을 베고 자게 하고 사람을 불러 그의
> 머리털 일곱 가닥을 밀고 괴롭게 하여 본즉 그의 힘이 없어졌더라.
> …블레셋 사람들이 그를 붙잡아 그의 눈을 빼고 끌고…
>
> 『성서』(사사기 16장 19절~21절)

삼손은 이름의 뜻처럼, 태양과 같은 범접할 수 없는 힘을 지녔다. 알다시피 삼손의 머리카락은 신이 내려준 힘의 근원으로 이는 절대 발설해서는 안 된다. 그러나 삼손은 블레셋 여인 데릴라Dalila에게 속아 머리카락이 잘린 채 처참한 몰골로 죽는다.

17세기 화가 안톤 반 다이크(Anthony Van Dyck, 1599~1641)는 삼손의 비참한 최후를 묘사한다. 작품명은 《삼손과 데릴라》(그림33). 머리카락은 잘려나가고, 포승줄에 묶이고, 군사의 철퇴가 당장이라도 내리칠 듯 다가오고, 몸부림치는 삼손. 손을 내민 데릴라를 향한 삼손의 울부짖음이 들리는 듯하다.

또 다른 17세기 거장 렘브란트(렘브란트 하르먼손 반 레인, Rembrandt Harmenszoon van Rijn, 1606~1669)가 본 삼손의 죽음은 더욱 상세해서 허망함이 감돈다. 작품명은 《눈 먼 삼손》(그림34). 잘라낸 삼손의 머리카락을 쥐고 도망치는 데릴라, 두 눈이 칼에 찔린 채 절망과 고통 속에서 나뒹구는 삼손. 뒤에서는 군사들의 칼날이, 정면에서는 창끝이 삼손의 숨통을 끊어놓기 직전이다. 삼손의 피울음과 군사들의 아우성과 데릴라의 조소가 한데 뒤섞여 있다.

블레셋 사람들은 왜 삼손의 머리털 일곱 가닥을 잘라낸 것일까? 삼손의 머리털 일곱 가닥은 어떤 상징성이 있는 걸까? 일곱은 히브리어로 쉐바sheva라 부르는데 숫자 일곱과 맹세한다는 의미를 가리킨다.

아브라함이 가로되 너는 내 손에서 이 암양 새끼 일곱을 받아 내가 이 우물 판 증거를 삼으라 하고. 두 사람이 거기서 서로 맹세하였으므로 그곳을 브엘세바라 이름하였더라.

『성서』(창세기 21장 30절~31절)

그림 33 《삼손과 데릴라》, 안톤 반 다이크, 1630년경

그림 34 《눈 먼 삼손》, 렘브란트, 1636년

성서에 나온 구절이다. 여기에 나타난 브엘세바는 맹세의 우물로
서, 세바와 쉐바는 같은 의미다.

잘려나간 삼손의 머리털 일곱가닥은, 다시 말해 삼손이 신과 맺은
맹세를 어기면서 그 약속이 사라짐을 상징적으로 보여주고 있다.[47]
삼손에게 머리카락은 힘의 과시 이전에, 신과 맺은 언약의 징표였다.
절대 지켜만 하는, 훼손될 수 없는. 여인의 유혹에 무너져 내린 영웅
에게, 신은 징벌을 내린 것이다.

그리스 신화에도 삼손과 유사한 인물이 등장한다. 포세이돈에게는
타피오스가 있었고, 타피오스Taphius에게는 아들이 있었다. 그 아들이
타포스 섬의 왕 프테렐라오스Pterelaos. 포세이돈은 손자의 머리에 영

원히 죽지 않는 불사의 황금머리카락golden hair을 심어주었다. 그러나 프테렐라오스의 딸 코마이토Comaetho가 적군 테베의 장수 암피트리온 Amphitryon에게 사랑에 빠진 나머지 아버지를 배신한다. 암피트리온이 프테렐라오스의 황금머리카락을 모두 잘라버린 것이다. 결국 프테렐라오스는 불사의 능력을 잃은 채 목숨을 잃고 그의 왕국은 몰락한다. 프테렐라오스의 황금머리카락 또한 힘의 과시였으며 신과 맺은 언약인 셈이다.

압살롬Absalom은 다윗David의 셋째 아들로서, 길고 숱이 많은 머리카락을 지닌 출중한 외모의 인물이었으리라. 그런데 왜 반역자로 전락한 것일까? 압살롬의 형 암논Amnon이 누이동생 다말Tamar의 아름다움에 취해서, 겁탈을 한 것이다. 아버지 다윗이 암논의 죄를 묻지않자 이에 압살롬은 분노했다. 2년 뒤 압살롬은 양 털 깎기 행사에 암논을 초청하여 살해하는 것으로 정죄한다. 이때부터 압살롬과 다윗 왕 사이는 멀어졌고 압살롬은 급기야 반란을 일으킨다. 압살롬은 파죽지세로 몰아붙여 다윗이 예루살렘에서 피신하는 사태가 벌어진다. 다윗의 위신은 땅에 떨어지고 위기에 처한다.

그림 35 《압살롬의 죽음》, 귀스타브 도레, 1860년대 중후반

허나 압살롬의 승리는 오래가지 못했고 패배하여 도주하던 중, 긴 머리카락이 나뭇가지에 뒤엉키며 허공에 매달리는 신세가 된다. 추격하던 군사들이 달려들어 압살롬의 몸에 수십 개의 창을 꽂아 넣었다. 압살롬의 아름다움을 상징하던 긴 머리가 죽음의 고리가 되고 말았다. 어처구니없는 이 상황을 《압살롬의 죽음》(그림35)으로, 프랑스의 화가 귀스타브 도레(Gustave Dore, 1832~1883)가 담았다.

삼손의 머리카락은 아름다운 육체의 향연이자 신과 맺은 맹세였다. 그 육체는 강인한 힘이었다. 그 강인한 힘은 상대를 압도하여 두려움과 불안에 떨게 했다. 그러나 삼손은 신의 맹세를 저버린 대가를 톡톡히 지불해야 했다. 머리카락이 잘리고 두 눈 속으로 칼날이 들어와 박히는 수모를 겪으며 생을 마감했다. 압살롬의 아름다움과 기품은 긴 머리카락에서 풍겼을 것이다. 적지 않은 과시욕도 긴 머리카락에서 나왔을 것이다. 그러나 죽음을 말하는 암시였다. 압살롬이 비명횡사했음을 전해들은 다윗은 애끊는 심정으로 울부짖었다. "내 아들 압살롬아 차라리 내가 너를 대신하여 죽었더면, 압살롬 내 아들아 내 아들아 하였더라."[48]

13

악마의
속임수

금지한다! 아니 금지해야만 한다!

이유는 단 하나다. 악마의 속임수로 탄생한 물건이기 때문이다.

1~2세기 무렵, 초기 기독교 교회에 영향을 끼친 교부들과 신학자들은 신도들을 향해 어떤 결정을 내렸다. 이 결정은 로마황제 콘스탄티누스(Constantinus, 272~337)가 313년 밀리노 칙령으로 기독교를 공인한 이후에도 지속되었다. 바로 신도들의 가발착용 금지였다. 초기 기독교 교회의 교부와 신학자 같은 성직자들이 가발착용을 금지한 데는 커다란 이유가 있었다. 그것은 악마 때문이었다. 대체 그 악마의 정체는 무엇이었을까?

2세기 카르타고 출신의 신학자이자 교부인 테르툴리아누스(본명은 퀸투스 셉티미우스 플로렌스 테르툴리아누스, Quintus Septimius Florens Tertul-lianus, 160~?(약 220~225))가 있었다. 그는 초기 기독교 교회역사에서 중요한 위치를 차지하는 인물로서 현재까지 이어지는 기독교의 교의인 삼위일체(Trinity, 라틴어로 Trinitas를 말함)를 정립했다. 그가 남긴 말을 떠올릴 필요가 있다. "가발이란 모두 엄청난 속임수이며 악마의 발명품이다."[49] 그는 왜 가발을 속임수 또는 악마의 발명품이라 여겼을까? 그는 종교박해의 두려움 때문에 피신한 기독교인들을 배교자로 비난할 정도였으며 여자의 경우는 악마로 정죄했다.

기원전 1세기경 로마제국에서는 금발가발이 유행했다. 당시 로마제국은 게르만족을 지배하고 통치하면서 포로가 된 게르만족의 금발 머리카락을 잘라 가발로 만들었다. 그 금발가발은 로마제국에서 인기가 매우 높았는데, 주로 매춘굴의 여인들이 애용을 했다. 테르툴리아누스는 물론 로마인들의 입장에서 보면, 가발은 게르만족 같은 야만인들 곧 이교도를 의미했고 매춘굴의 여인들을 연상케 했을 것이다. 그의 말에는 로마제국의 시대상이 반영된 것이다.

하지만 여자가 악마가 된 배경을 알기 위해서는 더 깊은 근원으로 거슬러 올라가야 한다. 기독교 경전인 성서Bible이다. 다시 한 번 테르툴리아누스의 목소리를 들어보자.

너희는 너희 각자가 한 사람의 이브라는 사실을 모르는가? 너희 여성의 죄가 분명히 사라지지 않았기에, 너희의 성에 신께서 내린 징벌의 심판 또한 오늘날 남아 있다. 너희는 사탄의 출입구이고 금지된 나무의 침범자이며 신이 내린 율법을 범한 최초의 죄인이다. 너희는 사탄 홀로는 도저히 무너뜨릴 수 없었던 남성을 유혹하고 설득해, 신의 형상을 지닌 남성을 분별없이 파괴한 여성일진대, 너희의 불순종으로 인해 신의 아들마저 죽음에 이르게 되었도다.[50]

남성을 유혹하고 사탄을 끌어들인 이브의 죄. 그 원죄가 여성에게 흐르고 있다. 여성은 신의 심판을 받은 죄인이다. 그런데도, "너는 아직도 네 가족 치마에 장신구를 달 생각을 하고 있다는 말이냐?"[51]며 비난을 퍼붓기까지 한다. 이것이 여성을 대하는 테르툴리아누스의 시선이다. 또한 이브의 원죄가 적용되어 남녀 사이의 결혼마저도 도덕적 타락으로 보는 기독교 사회의 견해가 팽배해 있었다.

테르툴리아누스는 저서『여성의 의복』에서 이렇게 말했다.

You are the devil's gateway; you are she who first violated the forbidden tree and broke the law of God.
Woman, you are the gate to hell.

너는 악마의 관문이다. 너는 금지된 나무(선악과—필자)를 먼저 위반하고 신의 율법을 어겼다.
여자, 너는 악마로 통하는 문이다.

그에게 여자는 완전한 악마였다. 가발은 여자이면서 악마의 표시였다. 이것은 단순히 테르툴리아누스의 개인적인 신념과 견해가 아니었다. "초기 기독교에서 여성의 역할은 특정 범위에 제한되어 있었다. 전통적인 성적 역할과 가정의 역할"[52]이 그것이다. 그러나 무엇보다 초기 기독교 사회는 여자와 성을 악마로 여겼다.[53] 성서에 표현된 대로 에덴동산에서 인간이 쫓겨난 원인, 그로부터 발생한 인간 원죄의 시초가 '이브Eve'라는 여자 때문이었기에, 테르툴리아누스의 주장은 당시 기독교 세계의 진리를 대변한 것이었으리라. 초기 기독교의 뜻을 세운 교부의 입에서 나온 말이니 더더욱 그렇다. 남성을 타락으로 이끌고 나락으로 떨어뜨린 죄, 신의 말씀을 거역한 죄. 이브는 악마로 정죄받아 마땅했다. 이는 테르툴리아누스의 신념이었다.

악마의 정체는 다름 아닌 에덴동산의 규율을 어긴 여자였고, 로마 북부의 척박한 변경에 사는 게르만 야만인들이었고, 남자들에게 쾌락을 파는 매춘굴의 여인들이었다. 이러한 악마의 손에서 탄생한 발명품이 가발이었다. 인간이 지닌 아름다움과 유혹을 자연스럽게 받아들이기에, 초기 기독교 교회의 교부 테르툴리아누스는 몹시 완고했다. 어찌 그만 그랬으랴. 남성들은 자신들이 여성보다 신과 가깝다고 보았을 것이다. 남성들과 성직자들이 할 수 있는 것은 로마인들에게 이렇게 외치는 것뿐이었다. 가발은 속임수라고, 악마의 발명품이라고. 그리고 여인들은 악마로 통하는 문이라고. 남성들과 성직자들의 그 오만함 속에서, 여인들은 끊임없이 자신들의 발명품을 만들고 퍼뜨렸으리라.

14

삼국사기,
궁중에서 생긴 음모

궁중에서 한 편의 치정극이 벌어졌다. 때는 251년, 고구려 12대 중천왕(中川王, 재위 248~270) 4년. 왕과 두 여인 사이에서 일어난 일이었다. 결과는 섬뜩했고, 무엇보다 차가웠다. 김부식은 『삼국사기』(그림36)에 이렇게 기록[54]했다.

四年, 夏四月, 王以貫那夫人置革囊, 投之西海.

중천왕 4년, 음력 4월, 왕은 관나부인을 가죽포대(革囊)에 넣어 서해에 던졌다.

『삼국사기』 고구려본기 동천왕조

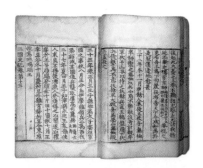

그림 36 김부식의 『삼국사기』 고구려본기 동천왕조, 1145년

관나부인은 누구이며, 왜 끔찍하게 바다에 수장되는 최후를 맞은 걸까?

『삼국사기』 본문에는 다음 구절이 나온다.

貫那夫人, 顔色佳麗, 髮長九尺, 王愛之, 將立以爲小后. 王后椽氏⋯

⋯얼굴이 아름답고 발(髮)이 구척(九尺)이 되는 관나부인(貫那夫人)을 사랑하야 소후(小后)를 삼고저 하니 왕후 연씨(王后 椽氏) 왕께 말하야⋯55

『삼국사기』 고구려본기 동천왕조

이제 중천왕, 관나부인, 왕후 연씨 사이에서 일어난 치정극의 조각을 맞춰볼 차례다. 대체 이들 사이에서 무슨 일이 있었던 걸까? 고구려의 궁중은 뜨거웠다.

중천왕은 부인인 왕후 연씨와 후처인 관나부인이 있었다. 관나부인은 이름에서 보듯 관나부 출신의 여인이었을 것이다. 초기 고구려는 5개의 부족국가가 합쳐진 오부(五部)형태였는데, 이중 관노부가 있었다. 관노부의 다른 명칭이 관나부이다. 중천왕은 관나부인을 사랑하여 소후로 삼고자 했다. 추측하건데, 소후는 본처(왕비)와 대등한 지위였을 것으로 보인다.56

관나부인의 미모가 출중하여 온 나라 안에 '장발미인'으로 소문이 날 정도였다고 한다. 그녀의 머리카락 길이가 구척이나 되었다고 하니 결코 과장된 소문은 아니었을 듯싶다. 그녀의 머리카락 길이 구척은 어느 정도의 길이였을까? 척관법에 따라 1척을 현대의 길이 단위로 환산하면, 30.303센티미터이다. 따라서 머리카락이 구척이라는 것은 272.727센티미터에 해당하는 굉장한 길이가 된다.

관나부인이 미모와 긴 머리카락으로 중천왕의 사랑을 독차지하자 왕후 연씨의 눈에 관나부인이 못마땅했을 터. 두 여인 사이에서 갈등이 차츰 심화되면서 모종의 음모가 싹트기 시작했다. 어느 날, 관나부인은 왕후 연씨가 가죽포대에 자신을 담아 바다에 던져 죽이려 했다고 왕에게 고했다. 왕은 진노했고 왕후 연씨는 위기에 처했다. 그러나 이는 거짓과 모함이었다. 관나부인의 음모가 발각되어 만천하에 드러났다.

이에 중천왕은 가죽포대에 관나부인을 산 채로 집어넣어 차가운 심연 속에 수장시켰다. 궁중에서 생긴 질투와 음모는 비정한 처벌로 일단락되고 장발미인의 끔찍한 죽음으로 끝이 난다. 관나부인의 긴 머리카락은 출세의 지름길인 동시에 인생의 내리막길이기도 했다.

3세기 고구려, 그 시대 미인의 선결조건이 있었다면 길고 탐스런 여인의 머릿결이었을 것이다. 중천왕이 관나부인에게 한껏 매료되었던 것도 구척이나 되는 머리길이에 있었던 것은 아닐까. 권좌에 앉은 중천왕의 속뜻을 알 길은 없으나 관나부인을 가차 없이 버렸다. 그는 오로지 전지전능한 심판관으로 등장하여 궁중에 갇힌 여인들의 괴로운 심정은 안중에도 없다는 듯이 판결을 내렸다. 관나부인의 미모와 긴 머리카락은 유혹과 과시를 한껏 뽐냈으나 그로 인해 저주의 도화선이 되었다. 늘 그렇듯이, 치정극의 결말은 차가운 핏빛으로 끝이 난다. 그러나 두 여인을 비극으로 몰아간 원인이 궁중이라는 거대한 질서에서 왔다는 의심을 거두기 힘들다.

15

라푼젤과 악마의
황금 머리카락 세 개

형 야코프와 동생 빌헬름은 독일 각지에
떠도는 온갖 민담을 한데 모았다.

두 형제는 유명한 동화작가로 세상에 널리 알려졌지만, 그 이전에
출중한 언어학자이자 독일의 민담수집가였다. 또한 이야기 채록자였
다. 형은 야코프 그림(Jacob Grimm, 1785~1863), 동생은 빌헬름 그림
(Wilhelm Grimm, 1786~1859). 그들을 그림형제라고 부른다. 『백설공
주』, 『신데렐라』, 『헨젤과 그레텔』… 쟁쟁한 작품들 속에서도 독특한
소재를 삼은 작품이 있다. 『라푼젤』(그림37, 그림38)과 『황금 머리카락
세 개』다. 이 작품들에는 공교롭게도 머리카락이 이야기 전개의 중요
한 소재로 등장한다.

라푼젤(Rapunzel, 독일어로 양상추를 뜻함)의 엄마가 뱃속에 라푼젤을

그림 37 1978년 동독에서 발행한 라푼
젤 우표

임신했을 때 여자 마법사의 정원에서 양상추를 훔쳐 먹은 대가로, 훗날 라푼젤은 여자 마법사의 높은 탑 안에 갇히게 되었다. 여자 마법사가 탑 안에 들어갈 때면 주문을 외쳤다.

라푼젤, 라푼젤, 네 머리카락을 늘어뜨려주렴.[57]

그림형제가 묘사한 라푼젤의 머리카락은 어떠했을까?

그림 38 《라푼젤》, 조니 그루엘의 일러
스트레이션, 1922년

라푼젤의 머리카락은 금실처럼 길고 탐스러웠습니다. 여자 마법사의 목소리가 들릴 때면 라푼젤은 땋아 올린 머리를 내려서 위쪽 창문 고리에 걸어 10미터도 넘는 아래로 늘어뜨렸습니다. 그러면 여자 마법사는 그것을 타고 위로 올라갔습니다.[58]

그런데 왕자가 라푼젤의 머리카락을 타고 올라가 라푼젤과 사랑을 나누는 일이 생겼다. 이를 안 여자 마법사가 라푼젤의 머리카락을 자른 뒤 내쫓고는 음모를 꾸몄다. 라푼젤의 머리카락을 이용해 왕자를 탑 안으로 유인해서 왕자에게 저주를 내렸다.

긴 금발머리는 라푼젤에게 양날의 칼과 같다. 라푼젤의 긴 금발머리는 그녀의 아름다움을 돋보이게 하여 뭇 남성을 유혹하는 메시지다. 특히 금발은 성적인 환상과 뉘앙스마저 풍기는 듯하다. 1812년 초판본에서 라푼젤은 마녀의 지시에 따라 자신의 아름다운 외모와 긴 금발머리를 이용해 남자들을 탑 안으로 끌어들였다고 한다. 라푼젤의 긴 금발머리는 남성에게는 유혹과 매혹의 도구다. 반면 긴 금발머리는 라푼젤에게 결코 벗어날 수 없는 마법사의 저주이기도 하다. 초판본에 따르면, 그녀의 긴 머리카락을 잡고 탑 꼭대기로 올라온 남자들은 왕자를 제외한 모든 이들이 죽임을 당한 것으로 보인다. 그러나 그 후에 다시 출간된 라푼젤 이야기는 순화되어 왕자만 등장한다. 라푼젤은 버전에 따라 내용의 차이가 있을 테지만, 머리카락의 상징성은 변하지 않는다.

라푼젤의 긴 머리에서 유래한 용어가 있다. '라푼젤증후군Rapunzel Syndrome'인데, 어린 시절 심리적 불안 요인으로 머리카락에 강박적 집착을 하여 삼키는 이상 증상을 말한다.

왕의 사위인 젊은이가 탐욕스런 왕의 음모에 끊임없이 휘말려들었다. 왕은 젊은이에게 절대 해낼 수 없는 임무를 던졌다.

내 딸과 결혼하려는 사람은 악마의 머리에 난 황금 머리카락 세 올을 지옥에서 가져와야 한다. 내가 원하는 것을 가져오면 내 딸을 계

속 아내로 삼게 해주겠노라.[59]

젊은이는 험난한 여정 끝에 악마의 황금머리카락 세 개와 금을 가득 실은 나귀 네 마리까지 끌고 무사히 돌아왔다. 황금을 본 왕에게 탐심이 차올랐다. "이 황금들을 모두 어디에서 가져왔느냐?"『악마의 황금머리카락 세 개』의 이야기다.

악마의 황금머리카락은 어떤 상징성이 있을까?

황금머리카락은 저주와 지혜의 표시다. 강력한 힘을 가진 절대자가 초라한 젊은이에게 내리는 불가능한 임무이니 무시무시한 저주와 다를 바가 없다. 한편 황금머리카락은 지혜이기도 하다. 황금머리카락을 손에 넣기 위해서는 위험천만한 난관을 헤치고 나가야 한다. 초능력도 근육질의 육체도 없는 젊은이가 믿을 만한 것이라고는 지혜 외에 뾰족한 수단이 없다.

젊은이를 위험에 몰아넣은 왕은 자신의 힘과 탐욕을 이용해 험난한 시험을 내린다. 반면 왕의 사위인 젊은이는 생존을 위해서 지혜를 발휘해 시험의 관문을 통과한다. 이 모든 중심에 있는 것이 황금머리카락이다. 『악마의 황금머리카락 세 개』의 결말은 어떻게 마무리됐을까? 젊은이가 가지고 온 황금을 탐낸 왕은 오히려 영원한 저주를 받는 신세로 전락한다.

야코프와 빌헬름은 사람들의 입에서 입으로 전해지는 날것의 민담을 사랑했다. 그렇게 탄생한 원작은 핏빛으로 물들은 잔혹한 세계관이다. 주인공들의 머리카락은 황금빛 유혹이자 삶과 죽음을 시험하는 저주의 상징물이다. 절대자가 자신의 힘을 과시하는 수단이기도 하다. 그리고 살인과 탐욕이 뒤엉킨 세계다. 세월이 지나면서 라푼젤의 머리카락은 달콤하고 멋진 로맨스의 세계로 바뀌어갔다. 야코프와 빌헬름의 이름은 증발하고, 그림형제가 된 지 오래되었다. 그림형제의 동화보다는, 채록자 야코프와 빌헬름의 민담이 더 흥미롭게 느껴진다. 그들의 본 모습은 동화 작가보다는 언어학자이자 민담 채록자에 있다.

16

그 노래를
조심하라

어느 새 사위가 짙은 안개로 뒤덮였다. 그 노래는 서서히 안개를 적시며 바다에서도, 강에서도 들려왔다. 달콤했다. 부드러웠다. 심연 속 욕망을 자극했다. 한번 귓가로 다가온 그 노래는 심장 속으로 스며들었다. 매료되는 순간, 대가를 지불해야 했다. 그건 자신의 피. 그 노래를 조심하라.

그 노래의 주인공은 두 명의 여인이자 물의 요괴.

녹색 바탕의 로고. 흐늘거리는 긴 머리를 양 갈래로 한 채 정면을 주시하는 한 여인이 있다. 전 세계 23000여 개의 매장을 가진 스타벅스 커피전문점의 로고 속 모델, 바로 세이렌Seiren이다.

세이렌은 그리스신화 속에 등장하는 요괴로 바다에 사는 반인반수(伴人半獸)이다. 세이렌의 외형은 여인이나 인어의 몸을 가지고 있는

그림 39 《세이렌의 키스》, 구스타프 워데머, 1822년

모습으로 나타나는데 언뜻 연약해 보인다. 하지만 그 긴 머리에서 흘러나오는 치명적인 매혹과 에로틱함을 내뿜을 때는, 자신의 본능을 감추지 못한다.

지중해 어느 바위섬에 걸터앉은 세이렌들이 젖은 긴 머리를 한 채 떼지어 노래를 부르기 시작한다. 세이렌의 노래에 걸려든 뱃사람들은 바다에 뛰어든다. 세이렌의 노래와 긴 머리는 미끼 속의 낚시 바늘이다. 뱃사람들은 이미 알면서도 죽음을 선택한다. 스스로 세이렌의 낚시 바늘을 물어 기꺼이 먹잇감이 된다. 이 매혹의 낚시 바늘은 성적 충동과 죽음의 충동, 즉 에로스Eros와 타나토스Thanatos의 결합체다. 세이렌은 옭아매는 자, 묶는 자라는 뜻처럼, 노래와 긴 머리로 사람들을 묶어버리는 것이다. 19세기 오스트리아 화가 구스타프 워데머 (Gustav Wertheim, 1847~1902)는 《세이렌의 키스》(그림39)라는 작품으로 이 충동의 공존을 담아낸다. 존 윌리엄 워터하우스는 《세이렌》(그림40)에서 다가가는 자와 먹잇감을 기다리는 자의 숨 막히는 절정을 보여준다. 세이렌의 젖은 긴 머리는 거절할 수 없는 은밀한 제안인 것이다.

그런데 세이렌의 감미로운 노래를 듣고서도 유일하게 목숨을 구한 인물이 있다. 오디세우스Odysseus다. 오디세우스는 10년간의 트로이 전쟁을 승리로 이끄는 공로를 세운 뒤 배를 타고 고향 이티카로 향한다. 그의 이름이 미움을 받는 자라는 뜻이어서 였을까. 트로이를 멸

그림 40 《세이렌》, 존 윌리엄 워터하우스, 1900년

망으로 이끈 탓에 신의 미움을 받아, 그의 귀향길은 기약 없이 험난했다. 칼립소Calypso에게 포로가 되어 칼립소의 섬에서 7년을 생활했다. 간신히 섬을 나왔으나 바다에서 3년을 떠돌았다. 그 머나먼 귀향의 와중에 세이렌이 사는 곳을 지나치게 되었다. 지혜와 용기를 겸비한 오디세우스는 부하들에게 명령을 내렸다. 부하들은 밀랍으로

그림 41 《율리시즈와 세이렌들》 허버트 제임스 드레이퍼, 1909년

귀를 막고, 돛대에 자신의 몸을 묶었다. 오디세우스는 세이렌의 아름다운 노래를 경험하기로 작정했다. 심장을 찌를 듯한 죽음의 공포와 견딜 수 없는 긴 머리의 에로틱한 향기를, 빅토리아 시대의 화가 허버트 제임스 드레이퍼(Herbert James Draper, 1864~1920)가 《율리시즈와 세이렌들》(그림41)에서 극적으로 연출한다.

세이렌의 유혹으로부터 벗어난 오디세우스는 사랑하는 아내 페넬로페Penelope와 아들 텔레마코스Telemachos와 해후했다. 고향을 떠난 지 20년 만의 귀환이었다.

세이렌이 살고 있는 지중해로부터 수백 킬로미터 떨어진 독일 라인강에도 노래하는 물의 요괴가 산다. 이름은 로렐라이Loreley. 커다란 바위에 걸터앉아 긴 머리를 빗으며 노래를 불러 뱃사람들을 죽이는 존재이다. 조심해야 할 그 노래와 머리카락에 이끌린 독일의 예술가들이 있었다. 대문호 하인리히 하이네는 《로렐라이》라는 시를 지었다.

　　…산마루엔 눈부시게 아름다운
　　처녀 하나 놀라운 자태로 앉아
　　황금빛 장신구를 반짝이며
　　황금빛 머리카락을 빗어내린다.

　　황금빗으로 머리를 빗으며
　　노래를 한곡 부른다
　　듣는 이의 가슴을 뒤흔드는 놀라운 가락의 노래를…

　하이네는 보았을 것이다. 마음을 뒤흔들어놓는 로렐라이의 노래와 황금빛 머리카락의 눈부신 유혹을. 하이네와 동시대에 살던 작곡가 프리드리히 질허(Friedrich Silcher, 1789~1860)는 하이네의 시에 곡을 얹어 명곡으로 답했다. 위대한 문호와 작곡가는 로렐라이라는 존재에 흠뻑 빠져 있었을 것이다.

　지중해의 세이렌과 라인강의 로렐라이. 매끄러운 인어의 몸, 인간과 짐승을 절묘하게 섞은 기이한 육체, 요괴의 언어로 부르는 노래, 길고 탐스러운 머리카락, 황금빛이 감도는 머릿결. 이처럼 두 요괴는 인간을 자극하는 상상계의 존재이다. 오늘도 전 세계 수많은 사람들은 스타벅스 매장으로 향한다. 머리카락을 길게 늘어뜨린 세이렌의 노래 대신 커피의 풍미를 만끽하기 위해서. 신화가 현실로 내려온 세상이다. 그러나 세이렌과 로렐라이의 이야기를 듣다 보면, 상상이 피어오르고 그 상상이 세상 끝 어딘가 수면 위에서 펼쳐지고 있을 것만 같다. 금빛이 감도는 길고 부드러운 머릿결을 빗질하고 있는 물의 요괴들이 노래를 부르기 시작한다. 요괴의 축축한 음성, 그 노래에서 물기가 흘러내린다. 그 노래를 조심하라.

감춰진 세계

수천 년 문명의 출발부터 인간은 아름다움과 소유를 향한 욕망에
불타올랐다.
그 불타오름은 쉽게 꺼지지 않았으며 욕망은 끊임없이 표출되었다.
욕망은 때로는 절대적이고 강력했으며
때로는 은밀한 목소리로 속삭이듯 스며들었다.
욕망은 감춰진 세계였다.
그것은 가늘고 긴 인간의 머리카락이었으나
그 이상의 지위를 획득한 또 하나의 세계였다.
인간은 고대 이집트문명에서부터 머리카락에 자신만의 세계를
창조했다.
머리카락은 감춰진 세계였다.

17

고대 이집트인들이 숨긴 비밀의 코드

기원전 1830년경, 고대 이집트 제12왕조의 제6대 파라오인 아메넴하트 3세(Amenemhat Ⅲ, 기원전 1860~1814)(그림 42)가 통치하던 시절이었다. 태양신과 같은 절대자는 항시 가로줄 무늬로 된 두건으로 머리를 덮고 있었는데 두건은 양쪽 어깨 앞까지 내려와 있었다. 파라오의 머리 전체를 둘러싸고 있는 두건을 네메스 nemes라 불렀다.

아메넴하트 3세가 머리에 두른 네메스의 정체는 무엇이었을까? 파라오의 네메스는 어떤 의미였을까? 네메스는 일종의 머리장식인 가발이었다. 이집트인들은 가발을 착용했다. 가발은 왕족과 남성의 전유물이었을까? 아니면 평민과 여성도 사용했을까? 아메넴하트 3세의 네메스를 통해, 수천 년 전 고대 이집트 문명을 건설한 이집트인들의 내면을 추적할 수 있다. 고대 이집트인들이 숨긴 비밀의 코드는 가발이다.

역사의 아버지 헤로도토스Herodotos가
『페르시아 전쟁사』에서 한 말처럼, "이집
트는 기후, 강의 성질, 관습 등 모든 면에
서 다른 지역과 상이한 특징"[60]을 나타
낸다. 이 상이한 특징 중에 하나가 가발
문화이다. 고대 이집트 남성들은 머리카
락을 한 올 남김없이 밀고 여자들은 스포
츠형으로 머리를 짧게[61] 자른 뒤, 가발을
착용했다. 가발은 머리카락을 꼬아서 모
양을 만들어 머리에 달라붙게 했고, 그
위에 그물 모양의 캡cap을 썼다. 머리와
캡 사이에는 일정한 빈 공간을 두어 사막
의 뜨거운 열바람이 빠지기 쉬운 구조로
만들었다. 자신들의 기후환경을 고려한
설계였다.

그림 42 고대 이집트 제12왕조의 제
6대 파라오인 아메넴하트 3세, 기원
전 1860~1814

　　고대 이집트인들의 가발의 재료는 무
엇이었을까? 크게 인모(人毛), 양털, 식물
의 섬유질, 3가지 종류였던 것으로 보인다. 식물의 섬유질은 종려나
무 잎에서 뽑은 섬유와 아마라는 식물 줄기에서 만든 직물 린넨linen
을 말한다. 특히 린넨은 나일강의 범람으로 생성된 비옥한 진흙 지대
에서 잘 자라는 식물이었기 때문에 구하기 쉬운 재료였으며 가발은
물론 옷감을 만드는데 이용했다. 가발을 만들 때, 이 재료들은 신분에
따라 각기 다르게 사용했다. 왕족과 귀족은 인모로 만든 가발을, 평민

은 양털이나 종려나무 잎을 소재로 한 가발을 착용했다. 가발의 색깔은 일반적으로 검정색이었으나 진한 청색과 황금색으로 물들인 것도 있었다.

그런데 고대 이집트인들이 가발을 착용한 이유는 지리 환경의 영향이 컸을 것이다. 이집트 지역은 대부분 아열대 기후에 속하기 때문에 특히 여름에는 건조하고 기온이 몹시 높은 혹독한 무더위에 시달릴 수밖에 없다. 이러한 여름의 강렬한 태양빛으로부터 자신의 머리를 보호하기 위해, 고대 이집트인들은 머리를 짧게 깎고 가발을 쓴 묘책을 고안했을 것이다. 지리 환경, 즉 기후에 적응하기 위한 그들만의 생존법에서 나온 것이 가발이라 할 수 있다. 또한 진한 청색으로 눈 화장을 했는데 그 이유 중 하나가 가발을 쓴 것과 동일하다. 내리쬐는 뜨거운 태양빛과 사막에서 불어오는 심한 모래바람을 차단해서 눈을 보호하기 위함이었다.

통치자 파라오의 힘이 강성해지고 고대 이집트인들의 문명이 발달하면서 그들의 가발에도 차츰 어떤 변화가 생겼다. 가발의 의미가 달라진 것이다. 가발이 생존을 위한 단순한 도구 이상을 넘어서서 고도의 상징성이 더해졌다. 이것이야말로 고대 이집트인들이 가발과 머리장식, 그리고 머리카락 속에 숨긴 비밀의 코드였다.

고대 이집트를 통치한 왕과 여왕, 귀족. 그들의 가발과 머리장식을 조금 더 자세히 들여다보자. 고대 이집트인들은 사람의 머리털로 만든 인모에 황금색을 칠한 뒤에 꽃 모양의 금장식으로 꾸몄다. 그 위에 쓴 왕관에는 대머리수리 모양이 장식된 것과 독사 모양이 장식된 것이 있었다. 왕국의 통치자인 파라오에게 대머리수리는 신성의 상징이었다. 즉 '왕을 보호하는 신'이라는 의미를 보여주고 있었다. 독사는 '왕의 권력'이라는 속뜻을 담고 있었다. 인모로 만든 가발은 평민들은 가질 수 없는 것이었다. 금장식 또한 권위를 나타냈다. 또한 네메스를 머리에 쓰고 다녔는데 이는 만천하에 자신이 절대자 파라오임을 보여주는 상징물이었다.

고대 이집트에서 가발은 왕과 귀족에게 있어 최상위 신분의 표시였다. 특히 왕과 여왕에게는 자신의 존재를 신성과 동일시하기 위한 표현이었다. 통치자들이 목숨을 유지하면서 오랫동안 대대로 권력을 유지하기 위해서는 누구도 범접하기 어려운 특별함이 필요했다. 이에 가장 좋은 방법은 신성을 부과하는 것이었다. 왕을 지켜주는 신이 존재한다는 것은 왕에게는 든든한 지원군이었으며 평민들에게는 두려움을 전해주기에 충분했다. 파라오들은 자신들만이 신탁, 즉 신의 직접적인 계시와 답변을 받는 존재로 여겼다. 이로 인해 왕과 귀족들은 가발과 머리장식이라는 상징을 활용하여 권력을 유지하며 자신들의 왕국을 효과적으로 통치할 수 있었다.

그뿐만 아니라 가발은 장식으로서 심미적 효과도 컸다. 장식은 곧 아름다움의 표현이었다. 고대 이집트인들의 아름다움에 대한 열정은 머리 모양과 머리장식, 눈 화장, 의상까지 어느 것 하나 빠지지 않고 화려했다. 그들은 다채로운 장식을 통해 타인의 시선을 압도하는 권력을 부린 것이었다. 그런데 이러한 아름다움에는 주술적인 의미도 있었다. 악마로부터 자신을 지켜준다는 주술성이 그것이다.

또한 고대 이집트인에게는 독특한 모발 관리법이 있었다고 전해진다. 동물들을 원료로 삼아 머리를 감았다. 다시 말해 사자, 악어, 하마, 고양이, 뱀의 지방 혼합물로 머리를 감았고 고양이, 거위지방, 고슴도치 척추 성분으로 머리를 깨끗하게 손질했다. 게다가 두더지의 가시를 불에 태워서 사용하거나 하마의 배설물로 제조한 연고를 발라 좋은 머릿결을 유지했다고 한다.

이러한 내용들이 기원전 1550년경에 쓰인 『에버스 파피루스The Ebers Papyrus』라는 가장 오래된 의학서에 실려 있다. 현대인들이 듣기에는 비과학적이고 징그럽고 혐오감을 전해주기에 충분하지만 그때와 지금이 같을 수는 없는 법. 그런데 오늘날 서아시아 지방에 가면 스네이크 오일이 함유된 린스를 팔기도 한다. 몇 해 전에는 뱀독크림이 여성들에게 각광받기도 했다. 뱀독크림이라니 아름다움을 위해 목숨을 걸어야 하는 걸까? 하지만 안심하시길. 뱀독과 성분이 유사한 합성펩타이드Synthetic Peptides 성분으로 된 시네이크(Syn-Ake)가 바로 뱀독크림이라고 한다.

아메넴하트 3세. 그는 가발과 다양한 머리장식을 통해 자신이 고대 이집트 제12왕조의 파라오이자 신성을 부여받은 전능한 존재임을 만천하에 과시했다. 그의 호화로운 모습만으로도 수많은 이집트인들은 무릎을 꿇을 수밖에 없었을 것이다. 아름다움에 주술성을 덧씌워 표출하는 것이 가발이었으니 고대 이집트인들에게는 신성이나 주술성이 무척 중요했으리라. 그러나 이집트 문명을 건설케 한 기후환경이 아니었다면 가발과 머리장식과 같은 머리 꾸미기에 지대한 영향을 끼치지는 못했을 것이다. 아메넴하트 3세의 석조상에는, 지금으로부터 4천여 년 전 고대 이집트인들의 미의식이 비밀스럽게 새겨져 있다.

18

로마제국, 귀족의 품격과 주술 사이

팍스 로마나Pax Romana!

1~2세기 로마제국은 광대한 대제국을 건설하고 평화를 이어가던 세계 최강이었다. 이 시기 로마인들은 부가 넘쳐흘렀고 유럽, 아시아, 북아프리카 등지의 수많은 사람들이 몰려들었다. 그만큼 사치스러웠고 화려했다. 그 무렵 로마인들 사이에서는 남성과 여성 가리지 않고 외모 가꾸기가 유행했다. 가발과 화장술이었다.

1세기경, 로마제국은 북쪽 지방의 게르만족을 지배하고 통치하면서 포로가 된 게르만족의 금발 머리카락을 잘라 가발로 만들었다. 그 금발 가발은 로마제국에서 인기가 매우 높았는데, 매춘굴의 여인들이 애용을 했다. 그러나 가발은 사치품에 속했기 때문에 금발 머리카락을 구하기 어려울 때는, 머리를 노랗게 염색하고 다녔던 것으로 보인

다.[62]

2세기경이 되자 로마인들 사이에서는 화장술이 유행했다. 아마 열풍이 불었던 모양이다. 특히 귀족여인들은 미용전문노예인 오르나트릭스ornatrics까지 두었다. 귀족여인들은 자신의 머리카락을 빗질해 주고, 향수를 뿌려주고 화장을 도와주는 미용전문 노예까지 둘 정도로 각별한 신경을 썼다.

여주인이 가장 신뢰하는 여자 노예가 손뼉을 친다. 그러자 화장을 담당하는 노예가 방에서 나가고 다른 두 명의 젊은 노예가 들어온다. 여주인의 머리 담당자들이다. 그녀들 중에서 한 명은 가발 담당 미용사로 작은 보관장에서 3개의 가발을 꺼내 작은 테이블 위에 올려놓는다. 제각기 금발, 흑발, 그리고 적발의 가발이다.[63]

로마인들은 염색가발을 쓰고 다녔는데, 귀족의 품격을 나타내고 유지하는 것이 큰 이유였다. 또한 자신의 머리숱이 적은 것을 커다란 수치로 받아들여 머리를 길게 기르거나 가발을 착용했다. 고대 이집트인들과 비슷한 모발 관리법이 있었는데, 두피에는 사자의 기름, 뱀, 악어, 비둘기의 배설물을 바르기도 했다.[64] 이처럼 로마인들에게 머리카락과 화장술은 자신의 신분을 증명하는 훌륭한 표현법이었다. 매춘굴의 도구에서 귀족의 품격을 나타내는 상징으로 바뀌어 있었다.

하지만 로마인들에게 머리카락은 또 다른 의미를 지녔다. 기원전 52~51년경 로마제국의 군대는 갈리아 지방(오늘날 프랑스-알프스 내륙)을 손에 넣기 위해 그곳에 사는 골족Gauls(프랑스인의 선조인 골족은 기원 전 프랑스를 포함한 유럽 북부를 지배하던 켈트족의 일부65)이라는 야만인들(로마인들은 그렇게 불렀다)과 정복전쟁을 펼쳐 승리했다. 이후 골족은 로마제국의 통치 지배하에 들어갔다. 당시 막강한 로마제국의 군대를 이끈 총사령관이 가이우스 율리우스 카이사르(Gaius Julius Caesar, 기원전 100~44)였다. 로마군인들은 포로가 된 골족의 머리카락을 잘라 로마로 보냈다. 여기에는 어떤 의미가 숨어 있는 것일까? 골족의 장군들은 전투에서 후퇴하고 생포가 되기 직전 스스로 목숨을 끊음으로써 자신들의 명예66를 지켰다. 골족의 장군들은 로마군인들의 포로가 될 경우 살아서 머리카락을 잘리게 될 것을 미리 짐작했을 것이다. 그들에게는 오랜 풍습이 전해져 오고 있었다. 골족은 족장, 귀족, 왕족이 죽으면 장례식에서 그들의 머리카락을 태워 없애는 것이었다.67 로마인들이 골족의 머리카락을 자르는 이유는 무엇이었을까? 골족의 장군들은 왜 살아서 머리카락을 잘리는 수모 대신 죽음을 선택한 것일까? 도대체 그들은 왜 머리카락에 이토록 집착했던 것일까?

로마제국 시절 타키투스(C. Tacitus, 56~120)가 쓴 『게르마니아』에서 머리카락의 의미를 볼 수 있다. 게르마니아에 사는 카티족과 수에비족의 예가 나온다.

> 카티족의 경우에는… 성인의 나이가 되면 곧 머리칼이나 수염이 계속 자라도록 내버려 두고, 또 적을 죽일 때까지는 맹세에 의해 용기(의 신앙)에 바쳐진 이런 모습의 용모를 바꾸지 않는다.68

> 수에비족 …독특한 풍습이 있는데, 이들은 머리칼을 꼬아 감아 올

리고 매듭을 짓는다. …나이를 먹어 희끗희끗해져도 험상궂게 보이고 곤두서도록 머리칼을 계속 뒤로 들어올리고, 때로는 그것을 머리 꼭대기에서만 묶는다. …적의 눈에 더 키가 크고 무섭게 보이도록 하기 위해 머리를 장식한다.[69]

로마인들이 게르마니아인(오늘날 독일인)을 야만인이라고 불렀지만 그들의 머리카락 풍습까지 책에 기술한 것을 보면, 역사학자로서 타키투스의 폭넓은 관심과 학자의 자세는 남달랐다. 이처럼 고대인들에게 머리카락은 신성함이었다. 신성함은 주술적인 힘을 의미하는 것이었는데 고대인들은 머리카락에 담긴 신성함을 소유하고 싶어 했다. 주술은 권력 자체였다. 근대의 이성과 과학의 시대가 오기 전까지, 주술은 보이지 않는 세계를 이해하고 설명하는 절대적인 능력이었다. 신성함에 대한 소유욕이 강렬하게 표출되는 것이 전쟁터였다. 적의 머리카락을 소유하게 된 자가 주술적인 힘을 갖게 되기 때문이었다.[70] 게다가 피가 난무하는 치열한 전쟁의 최종 승리자가 패배자의 머리카락을 잘라내는 행위는 시각적으로도 우월했다. 승리자에게는 절대자 신과 동격이 됨을 선포하는 의례였으며 패배자에게는 죽음과 노예의 길뿐이었다.

팍스 로마나 시대, 로마인들은 몹시 분주했다. 드넓은 제국을 정복하고 다스리며 부를 쌓는 한편, 집 안에서 내밀한 욕망을 충족해야 했으니 말이다. 그런 분주함 가운데, 머리카락은 로마인들의 욕망들이 나타나고 실현되어야 하는 세계였다. 하나는, 로마의 귀족들이 자신이 속한 높은 신분을 드러내고 아름다움을 꾸미는 욕망이다. 신분과 아름다움을 실현하는 세계가 머리카락인 것이다. 또 하나는, 전쟁의 승리자가 되어 주술의 힘을 소유하여 신성함을 얻는 것이다. 로마인들에게 머리카락은 곧 신분과 아름다움과 주술의 표시였다. 로마인들은 또 하나의 세계를 통치하고 있었다.

19

장발長髮 왕, 미발美髮 왕

자욱한 해무 건너 브리타니아에는 카시벨라우누스 왕이 존재했다.

유럽의 드넓은 땅에는 메로빙거 왕조가 뿌리내리고 있었다.

북쪽 얼음으로 뒤덮인 땅은 크누트 왕조의 하랄 1세가 다스리고 있었다.

이들에게는 하나의 공통점이 있었다. 길고 아름다운 머리카락을 지닌 왕들이 왕국을 통치했다. 장발왕이라고, 미발왕이라고 칭했다.

바다를 건넌 로마제국의 병사들이 드디어 브리튼 섬에 올라섰다. 그 뒤로 총사령관 카이사르가 근엄한 모습을 드러냈다. 로마인들은 이곳을 브리타니아Britannia라고 불렀다. 브리타니아는 오늘날 영국을 말한다. 기원전 54년경, 로마제국의 브리타니아 2차 침공이 시작되었다. 무적의 로마제국과 일대 항전을 치루기 위해 맨 앞에 나선 인물이

카시벨라우누스Cassivellaunus였다. 카이사르는 『갈리아 전기』에서 카시벨라우누스를 난폭한 성격의 소유자로서 여러 부족을 연합하여 지휘하는 인물로 묘사했다.

카시벨라우누스는 카투벨라우니족의 족장으로서 브리타니아의 여러 부족을 대표하는 브리타니아의 왕이기도 했다. 그는 로마제국의 거대한 힘 앞에 놓인, 일촉즉발의 브리타니아를 지켜야 했다. 그는 용맹스럽게 싸웠으나 항복을 하고 로마의 속국이 된다. 그런데 카시벨라우누스라는 이름에는 장발(長髮)이라는 뜻이 있다. 그가 왜 장발을 했는지, 정확히 알 수는 없다. 다만, 머리카락에 관한 고대인들의 내면을 생각해 볼 때, 용맹함과 신성함 때문에 장발을 고수했던 것은 아니었을까 싶다.

5세기 말 중세 유럽에는 프랑크족이 세운 프랑크왕국이 건설되었다. 최초의 왕은 클로비스 1세(Clovis I, 446~511)로 메로빙거 왕조의 탄생을 알린 시조이다. 프랑크왕국은 현재의 프랑스와 독일이며 두 나라는 메로빙거 왕조라는 하나의 단단한 뿌리를 두고 있다. 그런데 클로비스 1세는 사자의 갈기 같은 긴 머리를 기르고 있었다. 이는 메로빙거 왕조의 전통이었다. 그들만의 습속이었다. 클로비스 1세와 왕비 클로틸드Clotilde의 모습이 나폴레옹 시대의 화가 앙투안 장 그로스(Antoine Jean Gros, 1777~1835)의 작품 《클로비스와 클로틸드》(그림43)에 뛰어나게 표현되어 있다. 그들에게 긴 머리는 어떤 암시였을까?

프랑크족이 왕국을 세우기 전 부족을 이끌던 클로디오 족장(Chlodio, 390~450)이 있었다. 그는 항시 긴 머리를 한 채 부족을 통치하고 있었기에 '장발왕(long-haired king)'이라는 별칭이 따라 붙었다. 클로디

그림 43 《클로비스와 클로틸드》, 장 그로스, 1811년

오 족장 사후, 메로빙거 왕조가 탄생하고 왕위가 이어지면서도 메로**빙거 왕조**의 왕들은 계속해서 긴 머리를 유지했다. 왕조의 관습과 전**통이** 자연스럽게 생긴 것이다. 그들이 장발왕으로 불릴 정도로 사자 갈기 같은 긴 머리를 대대로 유지한 근본적인 이유는 무엇이었을까?

왕의 긴 머리는 곧 왕의 권위와 권력을 의미했다. 왕의 존재는 신에게서 부여받은 신성한 자리이었기에 누구도 범접할 수 없는 것이었다. 권위, 권력, 신성이 함축된 것이 왕의 긴 머리였다. 그랬기에 메로빙거 왕조의 왕들은 긴 머리를 자르는 것은 신에게서 위임받은 고유한 권위와 권력의 상실로 받아들였다.

그런데 그들 역사 속에서 긴 머리를 강제로 잘리는 수모를 겪은 2명의 비운의 왕이 있었다. 다고베르트 2세와 힐데리히 3세가 그들이다. 메로빙거 왕조의 다고베르트 2세(Dagobert Ⅱ, 650~679)는 어린 시절 권력의 희생양이 되어 강제로 머리를 깎이고 아일랜드 수도원으로 추방을 당하는 가여운 처지가 되었다.[71] 이보다 더 큰 비극은 메로빙거 왕조의 마지막 왕인 힐데리히 3세(Childerich Ⅲ)였다. 751년, 그는 왕실관리인(재상) 피핀Pippin이라는 인물의 계략에 휘말려 왕좌에서 쫓겨났다. 그는 강제로 삭발을 당하는 치욕 속에서 수도원에 철저히 유폐되어 생을 마감했다. 힐데리히 3세를 폐위시킨 피핀은 왕위에 올라 카롤링거 왕조Carolingian dynasty의 문을 열게 된다.

제임스 프레이저는 윌리엄 터너의 걸작 《황금가지》를 실타래 삼아 자신의 책 『황금가지』를 겹겹이 둘러싼 이야기를 한 올씩 풀어간다. 이탈리아 로마 근처 마을에 한 전통이 있다. 그 전통이란, 가장 먼저 나무에서 황금가지(겨우살이의 한 종류)를 꺾은 자가 기존의 사제를 죽이고 새로운 사제에 오르는 것이다. 황금가지는 가장 강한 사제(왕)만이 소유할 수 있었다.

결국 종족의 생존을 위해서 마을 구성원들은 약한 사제에 대한 살인을 묵인하는 의식을 행했다. 황금가지와 긴 머리. 같은 의미 아니었을까. 사제의 권위를 상징하는 황금가지의 존재와 왕위를 유지하기 위해 긴 사자 머리를 길렀던 메로빙거 왕조의 왕들, 그들의 숙명이 몹시 닮아 있다.

9세기경, 북구의 얼음 땅에는 도처에 작은 왕국들이 나눠져 있어 혼란스러웠다. 이때 크누트 왕조의 하랄 1세(Harald Ⅰ, 850~932)(그림 44)가 신에게 맹세를 했다. 모든 왕국을 하나로 통일할 때까지 머리카락을 자르지 않겠다고.[72] 이후 그를 텁수룩한 머리를 했다 하여 봉발(Tanglehair, 蓬髮) 또는 아름다운 금발이라 하여 미발왕(FairHair, 美髮)이라 불렀다. 하랄 1세는 자신의 뜻대로 소왕국의 왕들을 정복하고 중앙집권체제 확립에 기여를 했으나,[73] 통일 국가의 완성을 이루

그림 44 14세기 필사본에 수록된 크누트 왕조의 하랄 1세

지 못한 채 생을 마감했다.[74] 하랄 1세는 오늘날 노르웨이 건국의 왕으로 칭송받고 있다. 흥미로운 사실이 있다. 근거리 무선통신인 블루투스Bluetooth의 어원이, 하랄 1세의 본명인 하랄 블로탄 고름손Harald Blatand Gormsen에서 왔다. 블루투스의 로고는 하랄(H=ᚼ)과 블로탄(B=ᛒ)을 지칭하는 고대 룬 문자의 이니셜을 합성한 것이다.

장발왕, 미발왕. 고대에서 중세 초기 유럽의 왕들은 머리카락을 길게 기른 모습이었다. 그 긴 머리카락에 숨어 있는 세계는 무엇이었을까? 왕국의 수호, 왕조의 전통유지, 왕국의 건설이었을 것이다. 카시벨라우누스는 브리타니아를 수호하기 위해, 메로빙거 왕조의 왕들은 왕조의 존속을 위해, 하랄 1세는 통일 왕국을 건설하기 위해 그토록 긴머리카락에 집착했는지 모른다. 그뿐만 아니라 긴 머리는 자신의 목숨과 같았다. 긴 머리가 잘린다는 것은 신에게서 부여받은 권위와 권력을 잃어버리는 것이었으며 왕조의 생명에 종말을 고하는 것이었다. 그래서 메로빙거 왕조의 왕들은 머리를 길게 기르고 지켜야만 했으리라. 왕좌에 오른 순간부터 의지와 무관한 숙명 속에서 살아야 했다.

20

북유럽 신화,
시프의 황금빛 머리카락

빙하와 화산, 얼음과 불이 공존하는 섬. 이곳에 시인들의 노래가 울려 퍼졌다.

세상이 세 개 층으로 이루어졌다고 했다. 가장 꼭대기에는 신들이 군림하는, 중간에는 인간과 난쟁이가 모여 사는, 맨 아래에는 죽은 자들이 떠돌며 사는 세계가 존재한다고 노래했다. 시인들이 살고 있는 섬은 북대서양 한가운데 홀로 떠있는 아이슬란드. 시간이 켜켜이 쌓여 시인들의 노래는 『에다Edda』라는 아이슬란드의 단편 시가집으로 모아졌다. 또다시 시간이 얼어붙고 녹기를 반복하면서 에다는 북유럽 신화의 원형으로 자리 잡았다. 무수한 신과 그들이 펼치는 얼음과 불의 서사 중에서 불러와야 할 인물들이 있다. 그들의 이름은 토르, 시프, 로키이다.

로키Loki는 수려한 외모
를 지니고 호기심이 많았
으나 교활하기 이를 데 없
는 불의 신이었다. 그러나
그의 성격은 아스가르드
의 신들에게 미움을 사는
계기가 되었다. 이에 앙심

그림 45 시프에게 다가간 로키. 윌리 포가니의 일러스
트레이션, 1920년

을 품은 로키는 한 가지 복수를 꾀했다. 넘지 말아야 할 경계선을 넘
은 것이다. 토르Thor의 아내인 시프Sif가 그 대상이었다. 어느 날, 저
택 밖에서 잠을 자고 있는 시프에게 다가간 로키[75](그림45). 그만 시프
의 아름다운 머리카락을 모두 잘라 민둥머리로 만들어 버린 것이다.
무엇보다 토르는 시프의 머리카락을 특별히 좋아했다.

그런데 토르가 누구인가. 신과 인간의 통치자인 오딘Odin의 아들이
자 천둥의 신, 강력한 날씨의 신[76]이 아니던가. 무던한 성격이지만 한
번 분노가 일어나면 부모조차 어쩌지 못하는 위험한 존재였다.[77] 시
프의 머리카락은 얼마나 아름다웠을까?

토르의 아내 시프는 길고 아름다운 황금빛 머리카락을 머리부터 발
끝까지 눈부신 베일처럼 늘어뜨리고 대단히 자랑스럽게 여겼다.[78]

시프의 머리카락은 온몸을 휘감을 정도로 길고, 황금빛이 눈부시
게 감돌았을 것이다. 시프의 머리카락은 여신임을 증명하는 상징물인
셈이다. 또 하나의 의미가 숨어 있다. 그녀의 머리카락은 추수를 앞둔

잘 여문 곡식이 자라는 황금 들판을 상징한다.[79] 그래서 시프가 풍요와 수확의 여신이었던 것이다.

로키의 무모한 짓을 안 토르가 불같이 화를 냈다. "당장 가서 시프의 금발머리카락을 되찾아오너라… 안 그랬다간 네 녀석을 살려두지 않을 테니…"[80] 교활하고 영리한 로키가 용서를 구하며 시프의 황금빛 머리카락을 가지고 오겠다고 다짐한다. 에다에서는 로키의 심정을 이렇게 노래한다.

> 그러면 시프의 새로운 머리칼로 내 가져오리,
> 해가 지기 전에 황금머리칼을.
> 허면 시프는 봄의 들판과도 같으리라.
> 노란 꽃무늬 옷을 걸친 들판과 같으리라.[81]

로키는 깊은 지하세계로 향한다. 그곳에는 이발디Ivaldi의 아들들인 난쟁이들이 살고 있었는데 모두 특별한 재주가 있었다. 그들은 출중한 대장장이였다. 로키는 교활함으로 무장하고 현란한 말솜씨로 난쟁이를 속여 원하는 것을 얻어낸다. 황금을 가는 실처럼 만든 황금실을 가지고 돌아온다. 로키는 간신히 목숨을 구한다. 물론 시프는 황금빛 머리카락을 되찾고, 토르는 기뻐했다.

시프의 황금빛 머리카락에는 세 가지 의미가 숨어 있다. 첫째는 추수를 앞둔 곡식으로 가득한 황금 들판이다. 대지의 풍요로움을 기원하는 것이리라. 둘째는 여성이 지닌 매력이다. 토르와 같은 거친 남자를 굴복시켰으리라. 셋째는 로키와 신들 사이의 불협화음이다. 로키의 모난 성격을 따져 본다면 분란의 주인공은 다름 아닌 자신이니 자승자박이었으리라. 아이슬란드의 옛 시인들은 빙하와 화산, 얼음과 불로 둘러싸인 자신의 작은 나라를 보며 간절히 노래했을 것이다. 태양빛에 잘 익은 곡식이 넘실대는 황금 들판을, 그 황금 들판이 시프의 황금빛 머리카락으로 나부낌을. 옛 시인들의 노래는 아이슬란드의 차가운 대지 곁에서 공명했을 것이다.

중세의 일상생활은
불타오르는 열정과
어린애 같은 상상력에
거의 무한정한 계기를 제공했다.

ㅡ요한 하위징아Johan Huizinga, 『중세의 가을』

PART 2

혁명과 연애 :

열정, 자유, 영원불멸

송나라 서긍[82]의 눈에 비친 고려여인

1123년. 송나라 황제 휘종(徽宗)의 사신 일행들이 배를 타고 예성강 하구 벽란도에 도착했다. 고려의 수도 개경에 온 그들은 순천관에 거처를 마련했다. 그중에 시문에 능한 인물이 한 사람 있었으니, 그의 이름은 서긍, 올해 서른두 살이었다. 그는 어려서부터 고려인들과 교류한 탓에 고려말에 능숙했다. 이튿날이 되자 서긍은 틈틈이 개경 시내 곳곳을 둘러보고 저잣거리에서 고려인들과 만나 이런저런 이야기를 나누었다. 무엇보다 그의 눈길을 끈 것은, 고려 여인들이었다. 여인들의 자태가 곱고 아름다웠는데 머리 모양과 옷차림이 특별했다.

고려여인들의 머리 모양은 모두 하나같았다. 왕실의 여인이든 일반 백성의 여인이든 타고난 신분과 지위에 상관없이. 서긍의 눈에는 그러했다.

서긍은 자신이 본 고려여인들의 머리 모양을 일일이 기록했다. 내용은 이러했다.

"고려여인들은 길고 탐스러운 머리카락을 양쪽 어깨까지 길게 늘어뜨린다. 그런 뒤에 머리카락을 진홍색 비단 끈으로 묶은 뒤에 작은 비녀를 꽂는다. 머리 위에는 머리카락을 봉긋하게 올라온 모양으로 하여 좌우에 두 개를 묶는다. 고려인들은 이를 쌍계(雙髻)라고 불렀다.

이러한 머리 모양은 시집을 가기 전까지는 같았던 모양이다. 부인이 된 이후에는 조금씩 차이가 있는 듯하다."

서긍은 고려여인들의 쌍계 머리 모양을 호기심으로 보다가, 어느 틈엔가 고려여인들이 지닌 아름다움, 특히나 머리 모양이 전해주는 매혹에 흠뻑 빠져들었다. 송나라여인들에게서 느낄 수 없는 또 다른 아름다움이었다.

서긍은 고려여인들의 화장도 유심히 살폈다.

"고려부인들은 얼굴에 향유 바르는 것을 좋아하지 않는다. 다만 분은 바르되 연지는 칠하지 아니한다. 아마 몸치장을 할 때 화장을 탐탁히 여기지 않는 모양이다."

송나라로 돌아간 서긍은 이듬해 1124년 자신이 보고 들은 바를 손수 글을 짓고 그림으로 남겨 책으로 완성하여 간행했다. 제목을 『선화봉사고려도경(宣和奉使高麗圖經)』이라 이름 지었다. 현재 그림은 소실되고 글만 전해진다. 그러나 서긍이 각별한 심정으로 보았던, 고려여인들의 모습은 은은한 향기를 머금은 아침나절의 꽃처럼 글 속에 오롯이 남아있다.

신과 혁명을
위하여

유럽의 중세인들은 신을 만나기 위해 자신의 모습을 바꿨다.
머리 모양에 신을 상징하는 문양을 넣어
자신을 지우고 신 앞에 머리를 조아렸다.
유럽의 중세인들은 혁명을 쟁취하기 위해서도 자신의 모습을 바꿨다.
머리 모양을 통해 저항을 보여주는 한편, 단결된 세를 과시했다.

21

톤슈라,
중세수도사들의 머리 모양

그들은 머리를 깎기 전까지 수도사가 아니었다. 드디어 톤슈라가 거행되었다.

531년, 로마의 집정관에서 은퇴한 카시오도루스(Cassiodorus, 485~580)는 이탈리아 남부 칼라브리아에 비바리움 수도원을 지었다. 비바리움Vivarium은 그의 양어장 이름인데, 물고기를 키우는 곳이라는 원뜻을 지니고 있다. 비바리움은 그 이름에 걸맞게 수도사를 양성하며, 수도원의 학문적 전통이 시작된 기원이었다.[83] 이후 수도원에서 양성된 수도사들은 고문헌을 연구하고 필사하며 중세 유럽 문화의 주춧돌이 되었다. 그런데 수도사로 입문하기 전에 반드시 통과의례를 거쳐야 했다. 역으로 그 통과의례를 거치지 않으면 수도사가 되지 못했다. 바로 '삭발례'였다.

가톨릭 사전에 따르면, 삭발례(削髮禮)는 영어로 톤슈라Tonsure, 라틴어로 톤수라Tonsura, "칠품 중 제1품급인 수문품을 받기 전에 행해지는" 것으로서 머리를 깎는 의례라 한다. 다시 말해, 톤슈라는 수도사가 되기 전 단계에 실시하는 의례이다. 삭발례를 통해 성당관리, 성당 문지기 같은 낮은 직분에 해당하는 수문품을 받아, 비로소 수도사의 길로 들어서는 것이다. 삭발례는 양쪽 귀의 둘레를 따라 머리 꼭대기 정수리 부분을 깎아내는 형태이다. 삭발례에는 일정한 형식미가 있었다. 1983년 어느 원로 사제의 회고[84]에서, 전통적인 삭발례의 형식과 의미를 추정해 볼 수 있다.

> …머리칼을 동서남북과 가운데를 조금씩 자름으로써 세속의 모든 영화와 체면 영광을 초개시하겠다는 맹세를 하는 것인데 …전후좌우 중앙 이렇게 십자가 모양대로만 깎게 됐다…
> …삭발례받는 사람은 「주님은 나의 기업 내 잔의 몫이오니 내제비(유산)는 오로지 당신께 있나이다」 하는 기도를 드리며…

삭발례를 하면 정수리의 머리 모양은 원형과 십자가를 띤다. 십자가는 '신과 기독교, 그 자체'를 상징한다. 원형은 무엇을 상징했을까? 원형의 머리 모양은 '그리스도가 스스로 죽음으로 향하던 최후의 순간에 쓴 가시관'이었다. 이를 통해, 삭발례를 맞이한 이들은 가족과 함께했던 세속의 삶을 떠나 신의 세계로 들어가 신에게 자신의 모든 것을 온전히 바치겠다는 약속을 했을 것이다. 삭발례를 마친 이들은 수도원에서 가장 허드렛일을 하며 겸손함을 익히는 수도사로서 살아갔을 것이다. 삭발례는 세속과 신의 세계, 수도사가 되기 전과 후를 구별하는 경계선이었다.

정복자들은 "그들은 호전적이고 경박하며 술과 음식을 탐닉하는 족속들"이라고 여겼다.[85] 그래서 로마인들은 내심 그들, 브리타니아에 사는 켈트족을 야만인이고 이교도로 취급을 했을 것이다. 하지만 로마인들은 자신들의 세계로부터 떨어진 변방에 기독교를 전파했는데, 로마에서 파견한 수도사들은 브리타니아에 사는 켈트족까지 찾아갔다. 켈트족은 전통 종교인 드루이드교의 토양 안에서 살고 있었으나 2세기경 기독교가 전래된 이래, 수도원들이 생겼다. 그리고 로마인들은 "이교도나 반쯤 이교도인 농민을 기독교로 개종시켜"[86] 수도사들을 양성했다. 고유한 전통 속에서 살던 켈트 수도사들의 머리 모양은 어땠을까? 로마 수도원의 수도사들의 머리 모양과 비슷하면서 다른 지점이 있었다.

켈트 수도사들 또한 삭발례를 행했는데 로마의 수도사들과는 일정한 차이가 있었다. 켈트 수도사들은 앞 머리카락의 절반 정도를 둥글게 밀어내고 나머지 머리카락을 뒤로 길게 늘어뜨리는 형태였다. 켈트족은 사람의 머리에 영혼이 있다고 믿었기에 힘과 존경의 대상으로 숭배했다.[87] 이는 켈트족의 습속이었다. 이러한 숭배의식이 삭발례에도 투영이 되어 비록 자신들을 침략한 로마에서 전해져 왔어도 따를 수 있지 않을까. 그러나 7세기 이른바 휘트비 의회가 개최되어 켈트족의 기독교는 로마기독교에 완전히 편입되면서 켈트기독교로 발전하기에 이른다. 이후 켈트 수도사들의 머리 모양은 로마 수도사들과 차츰 닮아갔던 것으로 보인다.

유럽의 중세는 기독교 문화 그 자체였고, 그 문화의 중요한 거처는 수도원과 수도사였다. 그리고 수도사들은 삭발례를 통해 온전히 신의 길, 신을 향한 길로 들어섰다. 삭발례의 전통이 생긴 데는 기후 조건 때문에 청결을 유지하기 위한 방편이었다는 설도 있다. 유럽의 중세는 신을 향한 절대적 삶 안에서 이루어졌을 것이다. 유럽의 중세인들은 머리 모양 하나에도 신의 의미를 새겨 넣기에 충분한 세계관을 지녔을 것이다. 가장 앞선 문화를 자랑했던 로마인들이든, 변방의 이교도이자 야만인이라 불렸던 켈트족이든 다르지 않았다.

22

혁명의 승리를
위하여

"국왕과 귀족을 타도하는 것. 이는 곧 신의 뜻이오."[88]

"이제 당신이 군대의 지휘를 맡아야 하오!"

퓨리턴들은 누군가를 향해 일제히 한 목소리로 외쳤다. 바로 올리버 크롬웰(Oliver Cromwell, 1599~1658)이었다. 크롬웰은 일순 자신이 신의 도구로서 살아야 한다는 소명이 되살아났다.[89] 크롬웰이라는 이름이 잉글랜드 정치사에 전면으로 등장하는 순간이었다. 혁명이 다가왔다. 17세기 잉글랜드는 마치 잠들어 있던 거대한 화산의 분화구가 폭발하는 전무후무한 시기였다.

찰스 1세(Charles Ⅰ, 1625~1649)가 국왕으로 오른 뒤부터 의회와 시종일관 마찰이 있었다. 1628년 급기야 잉글랜드 의회는 국왕의 왕권을 제한하는 권리청원을 제출했다. 이때부터 잉글랜드는 찰스 1세와 의회, 이들 양쪽 세력 사이에서 펼쳐지는 대결과 음모의 연속이었다. 서로 태생적으로 판이하게 달랐기에 첨예한 갈등은 예견되었다. 결국 내전이 발발하였다. 그것은 피를 부르는 전쟁이었다. 찰스 1세와 의회, 이들은 어떻게 달랐을까?

찰스 1세를 중심으로 모인 세력이 왕당파인데, 잉글랜드에서 가장 출신이 높은 귀족과 대지주들이며 대부분 고교회파(high-church) 국교회의 신도들이었다.[90] 무엇보다 의회 내에서 국왕인 찰스 1세를 옹호하는 세력이어서, 기사의회Cavalier Parliament에 속했다. 속칭 기사당Cavaliers으로 부르기도 했다.

이들과 대척점에 선 세력이 의회파이었다. 이들은 평민층인 젠트리gentry에 속했는데 소지주, 상인, 상공업자, 부농, 법률가, 작위가 없는 귀족의 자제까지 망라되었다. 젠트리는 대부분 종교적으로 퓨리턴Puritans, 즉 청교도였고 그중에서 주류는 장로교파였다. 퓨리턴은 도덕적, 윤리적으로 대단히 엄격한 가치를 추구했다. 이들 퓨리턴이자 의회파를 원두당Roundheads이라는 이름으로 불렀다.

기사당과 원두당. 여기에는 머리 모양에 얽힌 17세기 잉글랜드인들의 의식이 숨어 있다. 기사당은 길게 내려오는 고수머리 형태의 가발[91]을 유지했다. 실은 그들의 원래 머리카락은 어깨 아래까지 길게 내려오도록 길렀는데 한 가지 독특한 면이 있었다. 한쪽 귀 아래 머리카락을 비대칭으로 잘라내서 일종의 러브 락(love-lock)의 의미를 전달하는 용도였다.[92] 안톤 반 다이크의 작품《찰스 1세 초상화》(그림46)를 보면, 왼쪽 머리카락이 오른쪽보다 긴 것을 알 수 있다. 이러한 형태를 자물쇠에 비유해 러브 락이라 하며 남성이 여성에게 보내는 사랑

그림 46 《찰스 1세 초상화》,
안톤 반 다이크, 1630년경

그림 47 《단발파》, 존 페티에,
1870년

의 표시나 기억의 의미로 표현했다.[93] 귀족들에게 머리 모양은 그들만의 세계에서 향유하는 자연스런 유행이나 관습에 지나지 않았다.

반면 원두당에 속한 퓨리턴들은 머리를 맞댔을 것이다. 왕정에서 유행하는 머리 모양과 대조적인 모양을 하기로 말이다.[94] 그래서 고수머리 가발로 멋을 즐기는 상류층의 유희를 경멸하는 뜻에서 머리를 짧게 깎았다.[95] 이때부터 원두당, 즉 단발파(短髮派)라는 이름이 생겼다. 18세기 스코틀랜드의 화가 존 페티에(John Pettie, 1839~1893)가 단발파의 모습(그림47)을 생생하게 재현해 냈다. 그런데 원두당의 퓨리턴들이 경멸의 뜻으로만 짧은 머리를 했을까? 그렇지만은 않을 것이다. 종교와 정치적인 반대 의사 표시를 강하게 표출하기 위함이었을 것이다. 또한 단일한 집단임을 구축해서 연대의식을 형성하는 한편 대외적으로 자신들의 힘을 과시하는 수단이었을 것이다.

짧은 머리를 한 원두당과 고수머리 가발을 한 기사당 사이에서 치열한 전투가 벌어졌다. 마침내 기사당이 패하면서 1646년 찰스 1세가 항복을 선언했다. 이때만 해도 원두당의 군대를 이끌었던 올리버 크롬웰은 국왕을 정중하게 대우했다. 그러나 찰스 1세가 복위를 계획하다가 발각이 되어 퓨리턴들의 신뢰를 잃어버렸다. 이 소식을 접한 올리버 크롬웰은 드디어 신의 뜻을 실행해야 했다. 1649년 1월 30일 런던의 화이트 홀에 단두대가 설치되었다. 이날, 단두대에서 교수형에 처해진 죄인은 잉글랜드의 국왕 찰스 1세였다. 잉글랜드에서 군주제가 폐지되고 공화국이 건설되는 순간이었다. 혁명의 승리와 짧은 머리의 관계는 역사의 우연일 수 있지만, 마지막에 혁명의 승리를 맛본 이들이 똑같은 모양의 짧은 머리를 한 것만은 사실이다.

너무 바쁜
중세의 사람들

그들은 아름다움을 위해 시간을 아끼지 않았다.

그 아름다움은 곧 시대의 질서였으며

자신의 싱그러운 육체를 뽐내는 향연장이기도 했다.

그들은 저 높은 곳의 신을 향한 마음을 나타냈으나

때로는 관습적으로 따라했을지 모를 일이다.

또한 꽉 막힌 담장으로 둘러싸인 억압의 세상에서

생존하기 위한 변신술이었을 것이다.

유럽의 중세가 마녀들의 흑마술 같은 암흑천지뿐이었을까.

그들은 욕망을 즐기고 연애하고 결혼하고 부모가 되기 위해 바쁜 삶을
살았다.

그들은 중세인이었다.

유라시아를 휘젓던 기마인들은 전쟁 속에서도,

만주에서 살던 타고난 전사들은 중국대륙을 점령한 후에도 고유한

머리스타일로 멋을 냈다. 그들 또한 중세인이었다.

23

격렬하고 열정적이며,
다채로운 아름다움에 대한 탐닉[96]

유럽의 중세는 은밀하게 뜨거웠으며 다채로웠다.
뜨거운 물과 부드러운 수증기로 채워진 공중목욕탕에는 사람들로
북적였다. 귀족과 기사들이 목욕을 하며 사교를 나누는 장소이기도
했다. 귀족과 기사들 사이에는 여성들이 한데 섞여 있었다. 공중목욕
탕은 쾌락을 만끽하는 유곽이기도 했다.

어디 그곳뿐이던가. 신성한 교회도 예외는 아니었다. 격렬하고 열
정적인 일들이 펼쳐지는 탐닉의 공간이었다.

유럽의 중세 여성들은 일평생 머리를 길러야 했다. 여성이 결혼을
원할 때는 남성에게 머리카락이 몸 위로 흘러내리도록 하는 신호를
보냈다.[97] 그러나 결혼을 하면 여성은 긴 머리를 끈 형태로 묶어 고정
했다. 머리카락은 자신에 대한 자유로운 표현과 구속됨을 말하는 상

징이었을 것이다. 중세 여성들은 자율권이 없이 남성들의 그늘 아래에 살아야 했다. 결혼 전에는 아버지, 결혼 후에는 남편, 남편 사후에는 아들의 보호에 따르다가 여생을 마감했다.[98] 중세 여성들은 높은 억압의 담장에 둘러싸인 채 살아야 했으리라. 하지만 여성들은 그들만의 방식으로 중세의 또 다른 세계를 만들어가기도 했다. 다시 교회의 문을 열고 들어가 보자. 신성하고 근엄한 교회 속에서 펼쳐지는 이색적인 풍경을 엿볼 수 있을 테니까.

중세인들에게 "교회에 찾아가는 일은 사회생활에서 중요한 위치를 차지"할 정도로 중요했다. 1180년부터 1270년 사이에 인구 1천 800백만의 프랑스에 주교좌 성당 규모의 교회가 80개, 수도원이 500여 개 생겨났다.[99] 게다가 교회는 성장을 거듭하던 중세 도시에 위치했기 때문에 중세인에게 일상적인 공간이었다.[100] 그만큼 교회 안에서는 다양한 광경들이 펼쳐졌다. 젊은 남성들이 또래 여성들을 만나려고 모여들었고, 여성들은 높게 틀어올린 머리 모양을 하고 가슴골이 깊게 드러나는 드레스를 입고 자신의 젊음과 아름다움을 뽐냈다. 중세 젊은 여성들은 근엄한 교회에서 연애를 하기 위해 과감한 스타일로 머리 모양을 한 것이다. 중세의 교회에서는 유곽의 여성들이 손님을 찾아 드나들었고, 한쪽에서는 버젓이 음란한 그림을 팔기도 했다. 중세인들은 격렬하고 열정적이었다. 현대인의 상상력을 넘어서는 광경이 연출되었으리라.

10세기에서 12세기 사이 중세 유럽에서는 로마네스크Romanesque 건축과 미술이 발달했다. 로마네스크는 여성의 의복에도 영향을 끼쳤는데, 윔플wimple과 고젯gorget 같은 머리장식이 대표적이다. 머리 모

그림 48 《기네비어 여왕의 오월제》, 존 콜리어, 1900년

양에도 유행의 변화가 다가왔다.

아서왕King Arthur과 원탁의 기사들은 중세 시대 영웅들의 모험담을
극적으로 보여주는 켈트족의 전설이다. 브리튼의 통치자 아서왕에게
는 사랑스런 아내 기네비어Guinevere 왕비가 있었다. 영국 빅토리아 시
대의 화가 존 콜리어(John Maler Collier, 1850~1934)는 그의 작품《기네

비어 여왕의 오월제》(그림48)에서 기네비어 왕비를 고혹적으로 묘사했다. 머리 가운데에 가르마를 타고 양 갈래로 땋아 길게 내린 기네비어를 만날 수 있다. 바로 중세 여인들이 즐기던 탐스런 긴 머리의 로마네스크 헤어스타일이다. 훗날 기네비어는 아서왕의 기사인 랜슬롯Lancelot과 사랑에 빠져든다. 결국 아서왕이 랜슬롯에게 목숨을 잃자 기네비어는 수녀원으로 향한다. 그녀가 수녀가 되었다면 윔플을 사용했을 것이다.

그림 49 《여인의 초상화》, 로버트 캉뱅, 1435년

윔플은 자신의 머리카락이 드러나지 않게 둘러싸는 천 형태의 머리장식이다. 네덜란드에서 활동한 화가 로버트 캉뱅(Robert Campin, 1375/1379~1444)의 《여인의 초상화》(그림49)를 보면 윔플을 쓴 여인에게서 깊은 외로움이 전해지기도 한다. 윔플은 남편을 잃은 미망인이나 그리스도교의 여성수행자들이 사용하는 것이다. 혼자가 된 여인은 아름다운 머리카락을 깊게 숨겨야 했다. 전설 속의 기네비어 또한 윔플로 아름다운 머리카락을 덮은 채 속죄인으로 살아갔으리라.

어느덧 유럽의 중세는 고딕Gothic시대로 들어섰다. 13세기에서 15세기 중세 여성들 사이에서는 인류 역사상 가장 높은 모양의 머리장식이 유행하고 있었다. 이름하여 '에냉hennin'이다. 에냉은 원뿔 모양의 뾰족한 머리장식이었는데 모양과 크기가 사람의 감정만큼이나 다

그림 50 조반니 보카치오의 작품『유
명인의 운명』에 수록된 그림, 1467년

채롭다. 가장 흔하게 나타난 원뿔형(그림50: 데카메론을 쓴 14세기 시인 조
반니 보카치오(Giovanni Boccaccio, 113~1375)의 작품『유명인의 운명』101(1467
년 프랑스판)에 수록된 그림), 길이가 짧은 원통형(그림51: 벨기에에서 활동
한 한스 멤링(Hans Memling, 1430~1494)의 작품), 소의 뿔을 닮은 양쪽형
(그림52: 플랑드르 화파를 대표하는 로히르 반 데르 바이덴(Rogier van der Wey-
den, 1400?~1464)의 작품) 등으로 다양하다. 여러 형태의 에냉 만큼이나
여인들의 표정도 각양각색인데, 우울하고 활기차고 도도함까지 드러
난다. 에냉의 기본형인 뾰족한 모양은 고딕 건축의 영향을 많이 받았
다. 중세인들은 교회에 하늘을 향해 높게 치솟은 뾰족한 첨탑을 설치
하여, 저 높은 곳에 위치한 신의 영광을 숭배하고 영원한 생명을 기
원했다.102 이런 의식이 에냉에게도 그대로 투영되었다. 에냉을 통해,

신에게 가까이 가고자 하는 열
망을 기원했고,[103] 저 높은 하늘
을 향한 간구와 영원을 기원했
던 것이다.[104] 에넹은 미의식과
신을 향한 의미를 하나로 모은,
중세 여성들의 창조물이 아니었
을까.

슬라브인, 즉 중세 러시아 여
성들은 어려서는 세 갈래로, 결
혼 후에는 양 갈래로 길게 머
리를 땋았다. 당시 러시아 여성
들은 머리카락을 하나의 우주
로 받아들였기에 우주라는 의미
를 가진 코스미 космы 로 머리카
락을 불렀다.[105] 그 이유는 무엇
이었을까? 길게 땋은 머리카락
이 자신의 등을 따라 가지런히
놓이면, 먼 우주의 에너지가 척
추로 스며들어 어머니가 되는데
필요한 생명력을 불어넣어준다
고 믿었던 것이다.[106]

그림 51 한스 멤링의 작품, 15세기 중후반

그림 52 로히르 반 데르 바이덴의 작품,
1445~1450년

중세 유럽은 암흑으로만 채워지지는 않았다. 남성들만이 활보하던 시대도 아니었다. 짙게 깔린 암흑의 시기 한편에서, 여성들은 자신들의 세계를 직조하고 있었다. 그 대상이 머리카락과 머리장식이었다. 머리카락은 연애의 신호였고, 신의 메시지가 울려 퍼지는 교회에서 머리카락은 유혹의 메시지 역할을 대신했다. 우주의 에너지를 이어받는 생명의 연결선이기도 했다. 남성들이 거대한 건축을 지어 신에게 바치는 순간, 여성들은 간단한 머리장식만으로도 신에게 의사표시를 했다. 격렬하고 열정적이며, 다채로운 아름다움에 대한 탐닉. 그것이 중세 유럽의 여성들이었다.

24

줄리엣과
데스데모나를 찾아서

16세기 중후반쯤 윌리엄 셰익스피어는 이탈리아에 갔을 것이다. 그가 탄 갤리온이 지브롤터 해협을 지나 도착한 곳은 지중해의 도시, 베로나와 베네치아. 셰익스피어는 번창한 두 도시를 화려하게 빛내는 귀부인과 여인들의 자태에 매혹되었을지 모른다. 그리고 곧 태어날 걸작의 여인들을 떠올렸을 것이다. 『로미오와 줄리엣』의 '줄리엣Juliet'과 『오델로』의 '데스데모나Desdemona'를.

셰익스피어가 창조한 줄리엣과 데스데모나의 머리카락 색깔은 무엇이었을까? 문학의 고전 속 인물들이 그 시대의 전형성을 가지고 있다면, 영민한 셰익스피어는 출중한 극작술로 줄리엣과 데스데모나에게 당대 유럽 중세사회의 풍속을 새겨 넣었을 것이다. 혹시, 그때 한가로이 도시를 걷던 셰익스피어가 상상한 비극의 여인들은 금발머리

그림 53 베로나의 아디제 강가 풍경

가 아니었을까.

중세 유럽인들에게 금발머리는 특별했다. 금발은 곧 아름다움 그 자체를 지칭하는 동의어였다. 금발머리, 금발미인은 선망의 대상이었다. 그러한 탓에 그들은 오랫동안 금발의 여인이 갈색이나 검은색 머리카락의 여인보다 더 미인이라고 여겼으며 중세 이탈리아에서는 금발이 곧 최고의 아름다움으로 여겨졌던 것이다.[107]

특히 르네상스 시대에는 황금빛 머리색깔이 이탈리아 도시들에서 유행했다. 여성들은 가능한 모든 잉크를 사용해 자신의 머리를 염색했고 적당한 금발을 만들기 위해 하루 종일 햇볕 아래에 서 있는 진풍경이 펼쳐지기도 했다.[108] 베네치아에서 유행한 머리색깔은 하얀 금발white blonde이었다.[109] 금발은 신분을 상징하는 언어이기도 했는데,

그림 54 《베네치아의 산 마르코 광장》, 조반니 카날, 1720년대 후반

태양과 황금, 정숙함을 의미했다.[110] 금발은 높은 신분인 것이다. 셰익
스피어가 베로나의 아디제 강가(그림53)와 베네치아의 산마르코 광장
(그림54: 베네치아 출신의 조반니 카날[111](Giovanni Antonio Canal, 1697~1768)
의 《베네치아의 산 마르코 광장》)을 거닐며 마주쳤을 금발 여인들이 줄리
엣과 데스데모나라는 인물로 승화되었을 것이다. 그러나 실상 베네치
아는 붉은색 머리의 여인들이 활보하는 천국이었을지도 모른다.

　…붉은 머리의 베네치아 숙녀들은 페르시아산 문직을 어깨에 걸치
　고 아라비아산 향수를 가냘픈 손에 듬뿍 뿌린 다음, 긴 치마를 질질
　끌면서 궁전의 대리석 계단을 오르내렸다.[112]

르네상스 당시 이탈리아인들의 금발에 대한 애착은 1541년 수도사

이자 시인인 아뇰로 피렌주올라(Agnolo Firenzuloa, 1493~1543)의 저서 『여성의 아름다움에 관한 대화』에서도 발견할 수 있다.

> (여성의) 모발은 꿀벌과 같이 금빛으로 가는 금발이며 태양의 빛나는 빛과 번쩍임같이 물결치고 풍부한 숱을 지녀야 한다.

줄리엣과 데스데모나의 출신지는 특별하고 고귀했다. 줄리엣은 베로나의 귀족가문 출신이다. 데스데모나는 또 어떤가? 그녀는 베네치아 공화국의 귀족가문 출신이다. 이것은 셰익스피어라는 미지의 인물만큼이나 궁금한 금발머리의 의미를 풀 수 있는 단서이다. 베로나와 베네치아, 두 도시 모두 베네치아 공화국에 속해 있었다. 16세기 이탈리아는 르네상스의 절정기였다. 르네상스의 탄생 배경에는 11~13세기 십자군 전쟁을 통해 지중해 무역으로 막대한 부를 축적한 상인들이 있었다. 그 상인들이 한 개인을 넘어서 가족단위로 커져 가문을 이루게 되고, 그 가문들이 도시국가 단위로 나뉜 이탈리아를 통치했던 시기다. 베네치아는 상업귀족의 세계였다.

> …인도에서 온 정향, 육두구의 껍질 및 열매 …인도차이나에서 흑단나무로 만든 체스의 말 …티베트의 사향 …바다흐샨의 루비와 청금석, 실론의 어부가 캐낸 진주 …중국에서 생산된 비단, 옥양목…113

이처럼 베네치아는 세계 각지에서 건너온 귀한 보석과 물산으로 넘쳐나는 부유한 도시였다. 캐퓰릿Capulet 가문의 여인, 줄리엣이 살던 베로나는 베네치아 공화국에 속한 도시 중에서 미술의 중심지였다. 데스데모나는 베네치아의 원로원인 브라반시오Brabantio 의원의 딸이다. 데스데모나는 르네상스 부의 중심지인 베네치아, 그곳 원로원 의원 집안이라는 막강한 배경 속에서 태어난 것이다. 두 여인의 금발머리는 부와 권력을 소

그림 55 1900년대 스웨덴 엽서에 실린 로미오와 줄리엣

유한 귀족가문임을 암시하는 증표였다.

세익스피어가 줄리엣과 데스데모나를 이탈리아 태생으로 설정한 이유가 명확해졌다. 중세인들이 금발머리에 대한 동경과 부러움을 멈추지 않았던 반면, 적갈색 머리에 대해서는 배타적인 시선으로 대했다. 금기시하는 분위기마저 강했다. 적갈색 머리에서 강력한 냄새가 풍겨서 강렬한 내부열기로 가득한 존재라고 생각했고 그리스, 로마 세계에서는 적갈색 머리를 악의 의미로 보기까지 했다. 그 이유 중 하나로 여성의 오염된 월경의 피가 뒤엉킨 것으로 연상하고 해석했기 때문이다.[114] 두 여인의 금발머리는 최고의 아름다움을 선망하는 르네상스 시기의 풍속(그림55)이었다.

줄리엣과 데스데모나의 머리카락은 금발이었을까. 셰익스피어는 작품의 가장 매력적인 여주인공의 모습을 이탈리아에서 발견했던 것은 아닐까. 물론 이것은 하나의 가설이고 추리일 뿐이다. 그러나 실제로 그가 쓴 작품 중에 3분의 1이 이탈리아를 배경으로 한다. 리처드 폴 로Richard Paul Roe의『셰익스피어의 이탈리아 기행』을 보면, 셰익스피어가 작품에 묘사한 내용과 실제 이탈리아 풍속과 지형이 거의 동일하다는 것을 확인할 수 있다. 셰익스피어는 익히 알고 있었을 것이다. 금발의 매력을, 의미를. 셰익스피어는 펜을 들어 창조했을 것이다. 고귀하고 높은 신분과 아름다움을 지닌, 금발머리의 줄리엣과 데스데모나를.

25

변발로 이어진
몽골, 고려, 청나라

때는 1218년, 몽골의 사절단이 길고 험난한 여정 끝에 낯선 제국에 도착했다.

그곳은 호라즘 제국(Khorezm: 11~13세기에 있던 제국으로, 현재의 이란, 아프카니스탄).

그러나 몽골의 사절단을 기다리고 있던 것은 호의가 아닌, 사나운 칼날뿐. 순식간에 몽골의 사절단은 호라즘 군사들에게 몰살당하고 말았다.

1220년, 긴 변발의 몽골 기병들이 그들 앞을 가로막는 모든 것을 다 쓸어버리면서, 호라즘 제국을 처참히 괴멸시켜 버렸다. 세계 최강 대제국 원나라의 기병들이 복수를 가한 것이다. 기병들의 변발은 두려움과 공포를 자아내는 신호였다.

변발(辮髮)은 몽골어로 케큘kekul, 한자어로 음역을 해서 겁구아(怯仇兒)라 불렀다. 변발의 머리 모양은 다음과 같았다. 정수리 주변 머리카락을 원형으로 매끄럽게 밀고, 둘레에 남은 머리카락 중 앞머리는 이마에 사각으로 늘어뜨리고, 뒷머리는 두 줄로 땋아 양쪽 귀밑에 길게 내린다.[115] 호라즘 제국에게 두려움의 대상이 된 변발이 원나라의 고유한 전통은 아니다. 후대 청나라 만주족은 물론 그 이전 3~5세기 위진 시대의 선비, 6세기 수당 시대의 돌궐, 12세기 중국 동북지방의 여진과 같은 북방민족들도 변발을 즐겨했다.[116]

13세기 원나라의 말발굽이 유라시아 전역을 제패하더니 그들의 힘은 기어이 고려에까지 도달하여 지배한다. 원의 무력과 함께 원의 문화가 고려에 퍼지기 시작했는데, 이를 '몽골풍'이라 했다. 대제국 원나라의 문화가 고려에 유입되고 유행한 것이다. 지금까지도 우리 문화속에 고스란히 남아 있는 것들이 있다. '몽골의 술'은 한국인들이 즐겨마시는 '소주'가 되었고, 왕과 왕비의 호칭인 '마마'는 조선시대에도 쓰였다. 전통혼례식에서 신부의 뺨에 장식하는 '연지' 또한 그때의 흔적이다. 몽골의 문화가 고려의 문화와 만나 자연스럽게 우리의 모습이된 것이다.

당시의 유행을 하나 더 꼽는다면, 머리 모양을 빼놓을 수 없다. 개체변발이다. 개체변발은 머리 정수리부분과 좌우양쪽 머리카락을 남긴 뒤 이를 묶고 땋은 형태이다. 그런데 원나라의 침략 이전에도 변발이 고려사회에 유입되었음을 알 수 있다. 1123년 서긍의 『선화봉사고려도경』에는 변발 풍습이 희미하게나마 기록되어 있다.

남자의 두건은 당 제도를 약간 본받고 있으나, 부인이 땋은 머리를
아래로 내려뜨리는 것은 오히려 완연히 좌수(상투를 튼 머리 모양)나
변발과 같은 모양이다. [117]

서긍이 본 대로라면, 고려의 기혼여성들의 머리 모양이 좌수나 변
발과 유사하다는 점을 알 수 있다. 좌수, 변발 모두 북방민족의 머리
모양이라는 공통점이 있다. 기혼여성들 사이에서 변발이 유행되었던
것은 아닐까. 『고려사(高麗史)』에는 변발의 유입을 접할 수 있는 대목들
이 확실히 등장한다.

왕이 이분희 등이 변발을 하지 않았다고 책망하였더니 그들이 대
답하기를 "신 등이 변발하는 것을 싫어해서가 아니라 뭇사람들이
〈그렇게 하여〉 상례가 되기를 기다렸을 뿐입니다"라고 하였다. 몽
골 풍속에서는 정수리에서 이마까지 머리를 깎아서 그 모양을 네모
로 하는데 가운데만 머리카락을 남겨 두었다. 이를 겁구라고 하
는데…[118]

위 내용은 1274년 충렬왕 즉위년에 기록된 것으로, 변발의 모양까
지 설명하고 있다. 원나라의 속국으로 전락한 고려의 왕과 신하들이
변발을 하고 있었던 것이다. 변발은 고려사회에 퍼진 이민족 문화의
단면을 보여주고 있었다.

17세기 말 청나라를 세운 만주족은 한족에게 치발령을 내렸다. 치
발령(薙髮令)은 "머리를 두려면 머리카락을 둘 수 없고, 머리카락을 두

려면 목을 둘 수 없다"는 것으로, 피지배자가 된 한족에게 변발령을
강행했다. 청나라 전역이 변발이라는 북방민족의 머리 모양으로 바뀌
어갔다.

긴 변발을 한 채 쏜살같이 밀려드는 몽골기병들 앞에서 유라시아는
속수무책이었다. 변발은 세계사에 일찍이 경험하지 못한 서사적 긴장
감을 선사했다. 변발은 고려의 여성들이 멋을 가꾸고 미색을 뽐내는
데 일조했으리라. 그래서 변발은 강렬한 자극이었다. 변발은 원나라
와 만주족에게는 지배와 동화를 동시에 나타내는 장식의 언어였으나,
고려와 한족에게는 피지배와 모욕을 감수해야 하는 항복의 표시였으
리라. 몽골기병과 만주족은 최고의 전사들이면서도 멋을 낼 줄 알았
다.
참으로 바쁜 중세인이었다.

위엄과 열정,
그리고 폭풍전야

권좌에 앉은 여인들도, 시대를 휘어잡은 위대한 음악가도

자신의 머리카락에 공을 들였다.

봉건시대 국왕의 권위는 절대적이었다.

하늘 아래 그보다 더 귀한 존재, 위엄 있는 대상은 없었다.

절대군주가 되는 것만으로 부족하여 다른 찬사와 상찬이 필요했다.

하여 태양을 닮은 태양왕과 하늘의 아들인 천자가 되었다.

궁중과 귀족들 사이에서 너나 할 것 없이 호화찬란한 헤어패션이

유행이었다.

이면에서는 시대를 뒤흔든 혁명의 불꽃이

매섭게 타오르고 있었으나 유행의 멋에 취해 알지 못했다.

26

위엄과
열정 사이

　　　　　"인 마누스 투아스, 도미네, 콘피데 스피리툼 메움."

　　　　　(In manus tuas, Domine, Confide spiritum meum)

　1582년 2월 8일, 잉글랜드 포더링헤이 성의 그레이트 홀. 단두대
가 서서히 보였다. 마침내 군중들 앞에 나타난 한 여인이 천천히 걸으
며 같은 말을 몇 번이고 읊조렸다. "인 마누스 투아스, 도미네, 콘피테
스피리툼 메움" 이 말의 뜻은 "주여 당신께 내 영혼을 맡기나이다."였
다. 여인은 검정색 망토를 둘렀으며 흰색 베일로 적갈색 머리를 덮은
모습이었다. 여인은 처형당하기 직전 자신이 입고 있던 검정색 비단
옷을 벗은 뒤 진홍색 속옷 차림으로 단두대에 섰다.[119] 여인의 복장과
모습은 우아한 수녀를 연상케 했다.[120] 그뿐만 아니라 여인에게서는
위엄과 한 치의 흐트러짐 없는 고고함이 절로 느껴졌다. 여인은 스코
틀랜드의 여왕 메리 1세(Mary I of Scotland, 1542~1587)였다.

그림 56 재판을 받기 위해 끌려 나오는 메리 스튜어트를 그린 기록물, 작자 미상, 1586년

본명은 메리 스튜어트Mary Stuart(그림56), 한때는 프랑스의 왕 프랑수아 2세(Francois Ⅱ)의 왕비였다.

메리 1세가 무릎을 꿇고 머리를 통나무 받침대 위에 올려놓았다.[121] 복면을 쓴 채 기다리고 있던 사형집행인이 도끼로 그녀의 머리를 내리쳤다. 이윽고 사형집행인이 메리 1세의 머리를 집어 드는 순간, "그녀의 머리가 바닥에 쿵 떨어져 공처럼 데굴데굴 굴렀다. 메리 1세가 자신의 백발을 숨기기 위해 썼던 가발이었다."[122] 수많은 군중들 앞에 드러난 메리 1세의 마지막은 새하얀 백발 머리와 가발이었다.

메리 스튜어트(그림57: 프랑수아 클루에(Francois Clouet, 1510~1572)의 《메리 1세 초상화》)와 엘리자베스 1세(Elizabeth I, 1533~1603)는 유럽 중세의 라이벌이었다. 메리 스튜어트는 로마 가톨릭의 신자로 잉글랜드 직계 왕가의 후예였다. 반면 엘리자베스 1세는 잉글랜드의 국왕 헨리 8세(Henry Ⅷ, 1491~1547)와 앤 불린(Anne Boleyn, ?~1536) 사이에서 태어난 사생아였다. 그러나 엘리자베스 1세는 엘리자베스 튜더Eliza-

그림 57 《메리 1세 초상화》,
프랑수아 클루에, 1558~1560년

beth Tudor라는 본명에 걸맞게 잉글랜드의 왕위를 계승하여 튜더 왕조의 법통을 잇고 있었고 영국 국교회의 지지가 강력한 배경으로 자리하고 있었다. 이처럼 복잡한 왕위계승과 가톨릭과 국교회라는 종교간 대립과 갈등으로 인해 두 여인은 숙적이 되었다.

남편의 사후 스코틀랜드로 돌아온 메리 스튜어트는 단리 경Lord Darnley으로 알려진 헨리 스튜어트Henry Stuart와 재혼을 하지만 그는 살해당한 채 발견된다. 이러한 사건으로 메리 스튜어트는 남편을 살해한 탕녀 취급을 받고, 왕위계승 문제에 휘말려 18년 동안 성 안에 유폐되는 신세로 전락한다. 이때 메리 스튜어트는 고통 속에서 백발이 된 것으로 보인다. 결국 그녀는 반역혐의에 휘말려 참수형을 당하는 처지에 놓인다. 하지만 끝까지 자신의 신분을 지켰다. 메리 스튜어트

그림 58 젊은 날의 엘리자베스 1세, 작자 미상, 1546년 경

에게 가발은 왕비로서 프랑스 궁정에서 보낸 화려함, 우아함에서 나
온 높은 신분과 위엄의 상징이었을 것이다.

흥미로운 것은 엘리자베스 1세는 "나는 국가와 결혼했습니다"라며
평생 결혼을 하지 않은 채 살았지만 화려한 붉은색 패션 감각의 소유
자였다는 점이다. 엘리자베스 1세(그림58: 1546년 경, 작자 미상의 작품.

젊은 날의 엘리자베스 1세)의 머리카락은 빨간색이었다. 그러나 차츰 젊은 날의 빨간색 머리카락이 윤기를 잃어가자 빨간색 염색을 즐겨했다.[123] 이마저 모자란 듯 금발, 빨간색, 샤프란색 등을 가발에 염색하여 사용했으며 80개 이상의 가발을 가지고 있었다.[124] 영국의 대문호 찰스 디킨스(Charles Dickens, 1812~1870)는 『영국사 산책』에서 엘리자베스 1세를 "일흔 살 나이에 가발을 쓰고 춤을 추었다"고 표현할 정도였다.

1742년 4월 13일, 아일랜드 더블린의 피셔앰블가 뮤직홀에서 당대 최고의 음악가 게오르그 프리드리히 헨델(Georg Friedrich Handel: 1685~1759)(그림59: 발타자르 데너(Balthasar Denner, 1685~1749)가 그린 헨델 초상화)의 역작이 초연되었다.[125] 1년쯤 뒤인 1743년 3월 23일, 런던의 코벤트 가든 극장에서 같은 곡이 연주되었다. "할렐루야~ 할렐루야~"라는 가사가 웅장한 합창곡으로 울리자 그 자리에 있던 영국의 국왕 조지 2세(George Ⅱ, 1683~1760)가 감동한 나머지 자리에서 벌떡 일어나 환호했다고 한다. 음악사에 남는 명장면의 순간이었다. 조지 2세가 환호한 곡의 이름은 메시아Messiah. 그리스도교의 내용과 의미를 담은 종교음악인 오라토리오Oratorio의 대표곡으로 현재까지 길이 전해지고 있다. 헨델은 메시아라는 불멸의 곡을 불과 20여 일 만에 작곡했는데,[126] 이 위대한 곡에는 한 가지 에피소드가 더해져 코스튬 드라마costume drama의 일부처럼 전해진다.

헨델은 음악계의 화려한 명성과 달리 독신으로 고요히 지냈다. 어느 날이었다. 헨델이 런던시내에서 음악가의 품격을 상징하는 가발을 분실하는 일이 발생했다. 다행히 한 여인이 헨델의 가발을 찾아주었고, 이것이 인연이 되어 여인이 일하는 이발소를 방문한다. 헨델은 감사의 뜻으로 여인에게 메시아 친필 악보를 선물하기에 이르고, 그에게 사랑의 감정이 싹트게 되었다. 그런 어느 날, 헨델은 이발소를 찾아갔다가 큰 충격을 받는다. 여인이 헨델이 선물로 준 소중한 악

그림 59 《헨델의 초상화》, 발타자르 데너, 1726~1728년

보를 사람들의 머리를 마는 도구로 쓰는 장면을 목격한 것이다. 헨델이 받은 충격과 실망이 몹시 컸으리라. 가발은 잠시 동안이나마 괴팍한 성격의 헨델에게 사랑의 미묘하고 섬세한 감정을 경험케 해주었던 것이다. 그 순간 말년의 헨델은 깨달았으리라. 자신이 얼마나 음악을 사랑했는지를. 사실은 사랑했던 대상이 여인이 아니라 음악과 깊은 사랑에 빠져 늙어가고 있었는지를 말이다. 이 에피소드는 역사적 사실이 아닌 헨델이 어떤 사람인지를 보여주기 위해 만든 허구일 수도 있다.

16세기 유럽사의 두 주인공이자 라이벌이었던 메리 스튜어트와 엘리자베스 1세. 두 여인의 삶과 죽음의 연대기는 곧 세계사의 명장면이다. 헨델이 작곡한 메시아는 18세기 음악사의 명장면을 수놓았다.

그에게 음악의 가치는 절대적인 사랑이었다. 한 시대를 풍미한 걸출한 이들은 위엄과 열정으로 가득한 인물이었다. 그들이 만들어낸 삶, 그들이 서술한 세계에는 비밀처럼 머리카락과 가발이라는 존재가 자리하고 있었다.

27

태양왕과 천자,
시대를 앞서간 패션 감각

"티엔즈(天子)", "르 후아 솔레이Le Roi Soleil"

같은 시기를 살았던 두 명의 절대군주가 있다. 때는 17세기 중반에서 18세기 중반 사이였다. 동양과 서양. 중국 청나라와 프랑스. 그들을 부르는 별칭은 천자(天子: 티엔즈)와 태양왕(Le Roi Soleil: 르 후아 솔레이)이었다. 한 명은 하늘의 아들이자 청나라의 황제인 옹정제(雍正帝, 1678~1735)이었고, 다른 한 명은 프랑스의 군주이자 태양신 아폴로를 좋아한 루이 14세(Louis XIV, 1638~1715)였다. 이들은 제국의 절대군주로서 굳건히 권좌를 지켰다. 한편 루이 14세는 자타공인 패션유행에 대한 열정의 소유자였다. 옹정제는 아버지 강희제(康熙帝)와 아들 건륭제(乾隆帝) 사이에서 청나라 전성기를 만든 성실의 미덕을 지닌 인물이었다. 같으면서도 다른 모습으로 역사를 장식한 두 명의 절대군주. 이들에게 펼쳐진 궁중의 일상은 어땠을까.

1701년 루이 14세는 화폭에 담길 자신의 모습을 상상하며 서 있었다. 그의 키는 160센티미터 정도로 작은 편에 속했다. 하지만 굽이 높은 10센티미터의 붉은색 하이힐을 신고, 길고 풍성한 가발과 크라바트cravat를 목에 착용하고 호화로운 비단 의상으로 치장을 하고, 근엄한 표정을 지었다. 어느 새 국왕의 풍모가 주위를 압도했다. 루이 14세의 총애를 한 몸에 받고 있는 이아생트 리고(Hyacinthe Rigaud, 1695~1743)가 태양왕 《루이 14세의 초상화》(그림60)를 완성하고 있었다.

태양왕의 하루는 이렇게 시작되었다.[127]

"오전 7시. 왕이 윗몸을 약간 일으키면 시종들이 에틸알코올로 왕의 손을 닦아주고 성수가 담긴 병을 바치면 왕은 기도문을 외웠다. 이발사가 왕에게 곱슬머리 가발 두 개를 올리면 왕은 하나를 고른다." 그런 뒤에 시종들이 태양왕에게 "스타킹, 반바지, 재킷, 신발, 깃털 꽃힌 모자, 코트를 입혀주고 칼과 장식 띠를 달아주고 시계태엽까지" 감아주었다. 비로소 태양왕이 신하와 왕족들 앞에 나서는 순간이다. 이처럼 루이 14세는 온갖 화려한 치장을 했지만 정작 "평생 목욕을 한 횟수는 20번 정도였는데 3~4년에 한 번꼴로 목욕"[128]을 했던 셈이다. 17세기 후반 남성 복식에서 가발은 부와 명예와 위엄을 상징하는 중요한 장식이었다.[129]

그런데 한때 루이 14세는 가발 금지를 지시한 적이 있었다. 국왕으로 즉위한 뒤에 가발금지령을 내려 루이 13세 때부터 궁중에서 유행하던 가발착용을 금지했다. 그는 숱이 많은 자기 머리를 좋아했고 가발을 경멸했기[130] 때문이다. 그런 그가 어떤 연유로 가발애용자가 됐을까? 그뿐만 아니라 헤어패션의 유행을 이끄는 창조자가 됐을까? 루이 14세의 머리에는 지루성 낭포라는 혹[131]이 있었다. 머릿속 혹을 가리기 위한 방편으로 항상 가발을 착용할 수밖에 없었을 것이다. 때로는 시대를 만들어가는 촉발제가 있다면 우연과 필연의 화학작용이 아닐까.

루이 14세는 침실 옆에 가발 전용 방까지 두었는데, 때와 장소에 맞춰 다양한 색깔의 가발을 애용했다. 그의 가발은 크고 두툼한 흑발이었으며 말년에는 가발에 분을 뿌려 머리가 하얗게 세는 걸 나타내도록 했다.[132] 그의 가발은 길고 둥글게 만 형태였으며, 국왕의 애용 덕분에 헤어패션의 유행이 왕족과 귀족 사이에서 일었다. 남성용 장발 가발 알롱제Allonge의 등장이었다. "분칠과 향수를 듬뿍 뿌린 공식 가발 알롱제는 루이 14세 궁정의 절대적인 필수품"[133]이 되었다.

가발 애용에 심취한 루이 14세는 30대 중반쯤에는 독특한 길드를 만들기에 이른다. 장안에 새로운 유행을 불러일으킨 것이다. "1673년 에는 이발사, 목욕탕 주인, 가발 제조업자로 구성된 길드를 조직하기에 이른다. 세습직이었던 이 관직을 사기 위해 사람들은 엄청난 돈을 쏟아부었다. 이후 비네라는 인물은 '비네트Binettes'라는 루이 14세 풍의 가발을 만들어 유행시켰다."[134] 루이 14세의 헤어패션에 대한 애정과 열정 덕분에 가발사들에게 거액의 돈이 몰려들었고, 이 때문에 가발사는 예술가들에게 선망의 직업으로 떠오르기까지 했다. 루이 14세의 전담 가발 책임자가 있었는데, 이 명예로운 직책의 인물은 캉탱이라는 가발사였다.[135] 본명은 프랑수아 캉탱 라 비엔(Francois Quentin La Vienna, 1630~1710)으로, 동생인 장 캉탱Jean Quentin과 함께 루이 14에게 절대적인 신뢰를 받았다.[136] 캉탱은 어떤 역할을 했을까? 이 당시 생시몽 공작(Claude de Rouvroy Saint Simon, 1675~1755)은 한 편의 회고록인 『루이 14세와 베르샤유 궁정』을 남긴다. "왕의 이발사이며 가발을 정리하는 캉탱 씨는 왕이 일어나기 전에 왕 앞에 길이가 다른 가발을 2개 이상 들고 서 있다. 캉탱 씨는 세수를 끝마치면 보통 때마다 짧은 가발을 씌워준다." 루이 14세는 지루성 낭포라는 피부염증 때문에 자연스럽게 헤어패션을 즐겼다. 그런 한편, 그의 별칭처럼 태양왕으로서, 국왕의 위엄과 격을 높이기 위한 효과적인 수단으로 헤어패션을 활용했을 것이다. 헤어패션은, 가발은 "그것은 눈으로 마음을 홀리는 방식으로 다스리는 통치술이다. 외장은 장엄하고 찬란한 권위를 풍긴다."[137] 이를 효과적으로 활용한 인물이 있다면, 루이 14세가 단연코 최고봉일 것이다.

1735년 가을, 청나라 옹정제는 재위 13년 만에 사망했다. 사인은 과로사. 그는 재위 기간 내내 매일 새벽 4시에 일어나 하루 4시간만 자며 온종일 정사를 돌보기만 했다. 옹정제는 하늘의 아들 천자이자 청나라 역사상 가장 근면한 황제였다. 옹정제에게도 평범한 일상이 있지 않았을까. 역시나 "그의 사생활은 단조로웠

그림 61 《옹정행락도지투호편(雍正行乐图之打虎篇: 옹정행락도의 호랑이 싸움 편)》의 옹정제, 18세기

다. 사적인 취미, 오락은 거의 없었고 유렵(遊獵: 놀이로 즐기는 사냥)이나 사색을 즐기지도 않았다. 그가 좋아한 물건도 안경처럼 뭔가 쓸모가 있는 것이었다."[138] 옹정제는 현실적이고 실용적인 인물이었다. 그래서 당시 서양에서 건너온 최신의 문물인 안경에 관심이 높았을 것이다. 오로지 일과 실용적 것에만 몰두한 옹정제. 그런데 그가 의외의 모습으로 등장하는 초상화가 있다. 《옹정행락도지투호편(雍正行乐图之打虎篇)》(그림61)에는 가발을 쓴 황제가 등장[139]하는데 바로 옹정제이다. 그가 서양 가발과 복장을 하고 양손에는 삼지창을 단단히 잡고서 호랑이를 잡기 위해 다가

가는 광경이다. 그가 어떻게 해서 서양 가발을 썼을까? 강희, 옹정, 건륭 세 황제 시대에는 많은 서양 전도사가 궁정화가가 되었다[140]고 한다. 근 면한 옹정제에게도 휴식은 있었는데, 화가들에게 자신의 초상화를 그리 도록 명하는 것이었다.[141] 서양인 궁정화가가 옹정제에게 가발을 선사하 고 그 가발을 쓴 모습을 초상화로 남긴 것은 아니었을까.

프랑스의 태양왕 루이 14세, 중국 청나라의 천자 옹정제. 두 인물 은 공교롭게도 비슷한 시기를 살았다. 게다가 두 인물 모두 봉건시대 의 절대적인 권력을 가졌던 군주였다. 태양왕과 천자가 헤어패션에 관심을 보이고 가발을 착용한 것은 서로 다른 이유에서 출발했을 것 이다. 가발이 지닌 상징 역시 크게 다른 지점이다. 태양왕에게는 통치 술의 한 측면이었으나 천자에게는 휴식과 서양문물에 대한 호기심이 었을 것이다. 이유야 판이하지만, 시대를 앞서간 남다른 패션 감각의 소유자였던 건 분명해 보인다. "티엔즈(天子)", "르 후아 솔레이Le Roi Soleil"

28

폼탕주 스타일의 창시자,
폼탕주 공작부인

태양왕 루이 14세의 마음속에서 한 여인이
꿈틀거리며 떠올랐다.

왕비 마리 테레즈(Marie-Therese, 1638~1683)가 옆에 있음에도 그 여
인을 만나야 했다. 루이 14세의 여성편력은 익히 알려진 바였으나 그
여인은 어딘가 특별했다. 사랑스러움과 다채로운 표정을 동시에 품
고 있는 다면적인 여인이었다. 그래서 위험한 아름다움의 소유자였
다. 그 여인은 한때 오를레앙 공작부인의 일개 시녀에 지나지 않았
다. 불과 17살 나이에 루이 14세가 애타게 찾는 정부가 되었다. 그러
면서도 대담하게, 폼탕주 공작과 결혼하여 폼탕주 공작부인으로 완전
히 변신한 여인이었다. 이름은 마리 앙젤리크 폼탕주(Marie-Angelique
Fontange, 1661~1681).

그림 62 퐁탕주, 17세기 후반

퐁탕주 공작부인은 1681년 불과 20살 나이에 세상을 떠났다. 그녀의 생애는 무척이나 짧았기에 애초부터 역사에 기록될 일이 없었을 터이다. 하지만 그녀의 손끝에서 시작된 헤어스타일은 17세기 바로크 시대, 18세기 로코코 시대, 유럽 전역 궁중과 귀족들 사이에서 일대 유행을 했다. 이른바 퐁탕주fontange(그림62) 스타일의 창시자이자 설계자가 된 것이다. 유럽역사에서는 국왕의 정부라는 불명예스러운 존재로 기록되었지만, 문화사에는 자신의 이름을 확실히 남겼다.

퐁탕주 공작부인은 자신과 타인의 헤어에 능숙한 건축가의 솜씨를 펼쳐 보였다. 퐁탕주 스타일은 하늘로 높이 치솟은 머리카락에 리본, 보석들로 한껏 치장한 머리 모양으로, 엄청난 무게와 상당한 높이를 과시했다. 높이와 무게에서 시선을 압도했는데, "철사로 복잡하게 얽은 틀로서, 부채 모양이 제일 흔했으며 머리카락과 함께 가짜 머리 타래, 늘어진 리본 장식, 풀 먹인 린넨, 레이스를 꿰어"[142]놓았으니 머리에 건축시공을 했다는 표현이 적절할 듯싶다.

이 스타일이 유행하던 18세기 파리의 여인들은 "머리 높이가 50센티미터에 달하는 경우까지 있었는데, 그 때문에 마차에 올라타지 못하는 수도 있었다. 하지만 가발이나 쿠션, 거즈 등을 이용해 나선형으로 꼬아 올린 탑 모양의 헤어스타일을 즐겼다."[143] 흥미롭고 도발적인 모양을 넘어서, 오히려 집이나 실내인테리어를 설계한 건축가의 작품에 가까운 모양새를 하고 있었다. 퐁탕주 스타일의 머리 모양은 구조적인 스타일을 띠고 있는 셈이다.[144] 아마도 퐁탕주 공작부인의 성격은 자유분방했으리라. 이러한 그녀의 성격이 기존에 없던 새로운 스타일로 표현되지 않았을까. 과감히, 거침없이. 마치 그녀의 변화무쌍한 연애사처럼.

17세기 바로크 예술의 특징인 웅장함과 동적인 자태가 퐁탕주 스타일에서는 높이로 표현되었다. 이러한 높이는 타인의 시선을 한 곳으로 모으고 압도하는 역할을 했을 것이다. 18세기 로코코 예술의 특징인 우아함과 화려함, 부드러움이 퐁탕주 스타일에서는 온갖 머리장식으로 표현되었다. 화려하고 다채로운 장식을 한 머리 모양은 부채꼴로 날개를 활짝 편 우아한 공작새를 연상케 한다. 남성은 물론 여성을 매혹하기에 충분했을 것이다. 퐁탕주 스타일은 유럽대륙에서 멀리 떨어진 러시아 여성들까지도 사로잡았던 모양이다. 18세기 러시아 제국 시대의 화가 그리고리 오스트롭스키(Grigory Ostrovsky,

1756~1814)는 어느 귀족여성의 퐁탕주 스타일(그림63)을 도도하고 단정하면서 격조 있는 모습으로 묘사했다.

공작부인의 시녀에서 절대군주의 정부로, 그리고 공작부인이 된 마리 앙젤리크 퐁탕주. 고작 20살의 짧은 삶을 살았을 뿐이지만, 그녀는 화려하고 사치스러웠던 유럽 문화사의 한 페이지에 자신만의 장식을 강렬하게 뿌려놓았다. 그

그림 63 어느 귀족여성의 퐁탕주 스타일, 그리고 리 오스트롭스키, 1777년

녀도 자신의 창작물이 이처럼 오래토록 기억되리라 미처 생각하지 못했을 것이다. 하지만 역사는 퐁탕주 공작부인을 새로운 헤어스타일의 창시자로 기록하고 기억하고 있다. 퐁탕주 스타일은 머리 위에 지은 여성들의 세계였다.

29

프랑스 대혁명의
전조

바람둥이 발몽Valmont 자작이 거울 앞에서 자신의 머리에 맞는 가발을 골라 썼다. 잠시 뒤 가발 위에 새하얀 밀가루를 골고루 흩뿌렸다.

발몽은 허리에 칼을 차는 것으로 치장을 마무리했다.

포병장교인 피에르 쇼데를로 드 라클로(Pierre Choderlos de Laclos, 1741~1803)는 세밀하게 자신의 소설을 써내려갔다. 소설의 제목은 『위험한 관계』(그림64: 19세기 말 발행된 『위험한 관계』의 책표지). 귀족들의 음란한 욕망들과 농염함으로 흠뻑 젖은 세계를 떠올리며 그는 스스로 만족스런 미소를 지었다. 이후 출간된 책은 큰 인기를 끌어 모은다. 이때가 절대왕정의 절정기인 1782년. 하지만 그도 알지 못했을 것이다. 자신의 묘사가, 화려함과 퇴폐와 사치로 얼룩진 광경들이 프랑스를 바꾼 대혁명의 전조였다는 사실을. 혁명의 함성과 권력자의 죽음

그림 64 소설『위험한 관계』의 책표지, 피에르 쇼데를로 드 라클로, 19세기 말

이 이어질 것을.

지금 본 발몽 자작의 모습에는 중요한 역사적 사실을 이해하는 근거가 있다. 그건 가발, 아니 정확히는 밀가루를 뿌린 가발이다. 약간은 기이한 발몽 자작의 개인적인 습관처럼 보일 수 있지만 그렇지 않다. 당대 프랑스인들의 풍속을 말해주는 장면이다. 그리고 프랑스 대혁명의 원인 중 하나를 설명해 주는 단서이기도 하다. 밀가루를 뿌린 가발과 프랑스 대혁명이 대체 무슨 인과관계가 있다는 걸까? 거대한 프랑스 대혁명의 전야 속으로 들어가 보자.

17세기 프랑스 절대왕정의 포문을 연 루이 13세(Louis XⅢ, 1601~1643)와 그의 아들 루이 14세는 가발 애용자였다. 18세기 프랑스는 아시아와 활발한 교역을 하며 막대한 부를 축적하여 경제적 번영을 꽃 피웠다. 이로 인해 프랑스의 왕족, 귀족의 사치가 극에 달해 해외 사치품을 쓰는 호사를 누렸다. 이들은 가발을 단순히 패션의 일부가 아니라 권위를 나타내기 위한 도구로 사용했다.[145] 반면 대혁명 직전, "서민들이 빵 말고 다른 데에 쓸 수 있는 돈은 수입의 12퍼센트에 불과했던 것이다. 물가상승은 부유층에게는 전혀 문제가 되지 않았으나, 서민층에게는 치명적이었다." 이렇듯 대다수 프랑스인들이 궁핍한 삶에 허덕이며 왕정에 대한 불만이 차츰 쌓여가고 있었다. 누군가에게는 혁명의 불꽃이었으나, 누군가에게는 궁중을 밝히는 관능의 불꽃이었다.

왕족과 귀족들 사이에서는 헤어패션이 뜨겁게 번졌다. 그 중심에 화려한 가발이 있었는데, 페리위그peri-wig(그림65: 페리위그를 풍자한 윌리엄 호가스(William Hogarth, 1697~1764)의 1761년 작품), 풀버텀위그full-bottom-wig라는 명칭이 붙었다. 페리위그는 전체적으로 곱슬곱슬한 머리로 앞가

그림 65 페리위그 풍자, 윌리엄 호가스, 1761년

슴까지 덮을 정도로 길게 늘어뜨린 머리 모양이었고 사람의 머리카락은 물론 염소 털, 말총을 주재료로 사용했다. 풀버텀위그는 엄청난 크기와 무게를 자랑했다.

당시 남성들 사이에서 가발이 어느 정도나 유행했을까?

1663년 영국 해군성 관리, 새뮤얼 피프스Samuel Pepys가 남긴 일기에 흥미로운 에피소드가 있다. 한 이발사가 가발을 착용하려는 피프스에게 머리를 잘라야 한다고 말하자, 피프스는 "하나를 고르려고 테두리 장식 두세 개와 페리위그를 써보았지만 전혀 마음이 내키질 않았다. 머리를 싹둑 잘라버리다니 너무나 가슴 아픈 일이다."[146] 하지만 피프스는 눈물을 머금고 머리를 자른 뒤에 페리위그를 착용한다. 그 이유는 단 하나였다. 사교계의 명사들과 교재를 나누고 친분을 쌓기 위해 눈물을 머금고 첨단유행을 따라야 했다. 18세기 활발한 사업

그림 66 머리에 페리위그를 착용한
유럽의 기업가 제이콥 마커스, 1792년

을 펼친 유럽의 기업가 제이콥 마커스(Jacob Marcus, 1749~1819)가 머리에 쓴 페리위그(그림66)를 보면, 일상이 되어버린 헤어패션을 가늠해 볼 수 있다.

또한 한층 멋을 부리기 위해 밀가루나 쌀가루에 석회가루를 섞어 가발 전체에 묻도록 뿌렸다. 당시 사람들은 '방앗간 주인', '밀가루를 뒤집어 쓴 사람'이라며 조롱했지만[147] 헤어패션의 유행을 가로막지는 못했다. 막스 폰 뵌Max von Boehn의 『패션의 역사』에서는 이때의 광경을 다음과 같이 말한다. "상류사회의 남자, 여자, 아이들 할 것 없이 자신의 머리카락에 두껍게 쌀가루를 뿌렸다. 회색빛 머리카락은 모든 사람을 한결같이 늙어 보이게 했는데 바로 그것이 에티켓"[148]이기 때문이었다. 앞에서 본, 소설 속의 바람둥이 난봉꾼 발몽 자작이 자신의 가발에 밀가루를 뿌린 것도 결국 '상류사회의 에티켓이자 풍습'(그림67)에서 나온 것이다.

시간이 지날수록 가발의 크기가 커지면서 모자를 쓸 수 없어 손에 들고 다닐 정도가 되었다. 이를 테면, 여성들은 탑을 쌓아 올린 모양의 머리 장식을 했는데, 그 높이가 자그마치 90센티미터가 넘는 것도 있었다. 남성들은 나이, 직업, 복장에 따라 각각 다르게 착용했다. 1730년대 이후에는 까만 리본이 달린 타이 위그tiewig, 주머니가 달린 백 위그bagwig, 돼지꼬리처럼 생긴 피그테일 위그pigtailwig가 유행했다.[149]

가발 애호가들의 욕망은 끊임없이 진화하며 '어딘가 다른, 뭔가 새로운 가발'을 요구했을지도 모를 일이다.

이러한 헤어패션의 유행은 프랑스의 계몽주의 지식인들에게도 어김없이 다가왔다. 17세기 중반 『팡세』라는 작품과 수학자로서 명성이 드높은 블레즈 파스칼(Blaise Pascal, 1623~1662)(그림68)에게도 가발은 중요했다. 파스칼은 "판사는 법복을 입고 가발을 써야 한다."고 지적했는데, 아마도 "군인, 판사가 군복, 법복을 착용하지 않으면 권위는 줄어"들 것으로 보았기 때문일 것이다. [150]

18세기 중후반에 활동한 또 한 명의 대표적인 계몽주의 지식인, 장 자크 루소. 오늘날의 스위스 출신인 그는 30세 무렵 파리에 왔지만 당

Applying Hair Powder (temp. Louis XV.)

그림 67 가발에 밀가루 뿌리기, 상류사회의 에티켓이자 풍습을 그린 작품, 1750년

PASCAL.

그림 68 《파스칼의 초상화》, 1822년

대의 계몽주의 지식인들 사이에서 부랑자나 기인으로 조롱받기 일쑤였다. 게다가 까칠하고 수줍은 성격 탓에 그를 상류사회에 기생하는 식객으로 여길 정도였다. 한마디로 아웃사이더 같은 인물이었다. 주변의 평판이 좋지 않던 그가 글을 통해 이름을 떨치며 파리 지식인 사회의 유명인물이 되자 의상이 달라졌다. 금실을 수놓은 옷차림으로 산책을 하고 가발을 쓰고 다녔다.[151] 계몽주의 지식인인 파스칼, 루소에게 있어 가발은 권위의 상징이었고 상류사회의 일원이라는 사실을 나타내는 것이었다. 시대를 앞서 간 자유로운 사상가들이었지만 한계와 모순 또한 뚜렷했다. 그들 역시 왕족과 귀족들의 헤어패션을 모방하고 선호했다. 그럼에도 계몽주의 지식인들은 프랑스 시민들에게 이

그림 69 처형된 루이 16세, 1793년

성의 깨어남을 촉구했다.

드디어 왕족과 귀족들의 향락과 퇴폐와 부정함을 알게 된 프랑스 민중들이 거리로 뛰쳐나왔다. 민중들의 물결로 파리는 온통 뒤덮였다. 일순간 분노의 함성이 파리 시내 도처에서 울려 퍼졌다. 1789년 파리의 바스티유 감옥이 무너졌다. 파리 시내 곳곳에서 불길이 치솟으며 프랑스 대혁명이 일어났다. 아마도 왕족과 귀족

그림 70 단두대에 선 마리 앙투아네트, 1794년

들의 멋과 신분을 나타내던 가발은 붉은 핏물로 물들었을 터. 그로부터 3년 뒤인 1792년, 프랑스 민중들과 부르주아들은 콩코드 광장에 단두대를 설치하고 죄인을 끌고 온다. 한때는 프랑스를 다스렸던 그들. 사치와 문란에 빠진 루이 16세(Louis ⅩⅥ, 1754~1793)(그림69: 1793년에 그린 처형되는 루이 16세 최후)와 왕비 마리 앙투아네트(Marie-Antoi-nette, 1755~1793)(그림70: 1794년에 그린 단두대에 선 마리 앙투아네트)를 처형하기에 이른다. 인류 역사에 남는 전환점의 순간이었다.

자신의 가발에 밀가루를 뿌리던 발몽 자작. 그는 알지 못했을 것이다. 자신의 가발이 프랑스 대혁명의 시작을 알리는 전주곡이 되리라

는 것을. 18세기에 들어 프랑스 왕족과 귀족들은 호사스러움의 극치를 달렸고, 이를 상징적으로 나타내는 것이 화려한 헤어패션이었다. 아이러니한 사실은 프랑스 민중들을 계몽하던 부르주아 지식인들 또한 헤어패션을 인정하고 즐겼다는 점이다. 이렇듯 가발이라는 헤어패션의 열풍은 프랑스 대혁명을 알리는 하나의 암시였을 것이다. 발몽 자작이 거울 앞에서 가발을 쓰고 밀가루를 뿌려 치장할 때, 프랑스 민중들은 배고픔에 허덕이고 있었으며 그들 사이에서는 왕족과 귀족에 대한 분노가 들끓어 오르고 있었을 것이다. 대혁명의 불꽃과 피비린내가 잦아들자 "남자가 입는 옷도 민주주의가 주도하는 세태를 반영하여 간소해졌는데, 색상이 눈에 띄게 수수해졌고 가발 같은 장식이 사라졌다"[152]는 것을 보면 당대의 분위기가 어떠했는지를 짐작할 수 있다.

다른 세계,
같은 세계

동양과 서양의 범주는 망망대해처럼 드넓고 모호하다.

애초부터 잘못된 범주였는지도 모른다.

그만큼 근본적으로 다른 세계이기에 다채로운 광경이 펼쳐진다.

그런 한편에는 공통의 분모가 존재한다.

공간과 인물은 다르지만

놀랄 만치 닮은 사건이 같은 시기에 발생하기도 한다.

역사와 시대의 필연인가,

인간사에 면면히 흐르는 우연인가.

다르기도 하고 같기도 한 세계로 들어가 보자.

30

동서양의 금지령,
여성의 멋 내기를 금지하다

　　　　　　　　　18세기 영국의 런던과 조선의 한성에서는
무슨 일들이 벌어지고 있었을까?

　영국의 산업혁명으로 인해 세계사에 거대한 지각변동이 일어난 시
기였다. 그때 아시아 동쪽 끝의 조선에서는 두 명의 절대군주 영조(英
祖, 1694~1776)와 정조(正祖, 1752~1800)가 등장해 문물의 발달을 맞이
한다. 산업혁명의 격변을 맞고 있는 영국에서는 국왕 조지 3세(George
Ⅲ, 1738~1820)의 시대가 열린다. 조선의 영조·정조와 영국의 조지 3
세. 아시아와 유럽. 동양과 서양. 그 무렵, 전혀 다른 세계 속에서 유
사한 사건이 터진다. 금지령이 내려진 것이다. 그 사건을 촉발시킨 원
인은 한 가지였다.

　잠시 조선 성종(成宗, 1457~1495)때로 향해 보자. 1483년, 봄이었다.

『조선왕조실록(朝鮮王朝實錄), 성종실록(成宗實錄) 152권』성종 14년 3월 28일. 박계성과 이혼이라는 대신이 성종에게 한 말이 다음과 같이 기록[153]되어 있다.

李渾又啓曰: "臣觀今大小人民, 羅段爲笠, 奢侈至矣. 請草笠外, 一切禁之.

上曰: "若以綾段爲之, 禁之可也.

이혼이 또 아뢰기를, "신이 보건대, 지금 여러 백성들이 비단으로 갓을 만듦으로 사치함이 심하니, 청컨대 초립 외에는 일체 금지하도록 하소서."

왕이 말하기를, "만약 비단으로 만들었다면 금하는 것이 좋겠다."

이처럼 조선은 건국 초기부터 왕까지 나서서 사치풍습을 금했다. 양반가문에서도 복식의 사치를 금하는 것을 매우 중시했다.[154] 하지만 사치가 쉽사리 잦아들지는 않았던 모양이다. 특히 조선 후기에 오면 여인들이 가체를 사기 위해 막대한 돈을 지불할 정도로 사치가 극심해졌다. 이에 영조와 정조 때는 가체의 사치를 금지하기 위한 대책마련이 이어진다. 『조선왕조실록(朝鮮王朝實錄), 영조실록(英祖實錄) 87권』영조 32년 1월 16일의 일[155]이다.

禁士族婦女加髢, 代以俗名簇頭里. 加髢之制, 始自高麗, 卽蒙古之制也. 時士大夫家奢侈日盛, 婦人一加髢, 輒費累百金。轉相夸效, 務尙高大, 上禁之.

사족의 부녀자들의 가체를 금하고 속칭 족두리로 대신하도록 하였다. 가체의 제도는 고려 때부터 시작된 것으로, 곧 몽고의 제도이다. 이때 사대부가의 사치가 날로 성하여, 부인이 한번 가체를 하는 데 몇 백 금을 썼다. 그리고 갈수록 서로 자랑하여 높고 큰 것을 숭상하기에 힘썼으므로, 임금이 금지시킨 것이다.

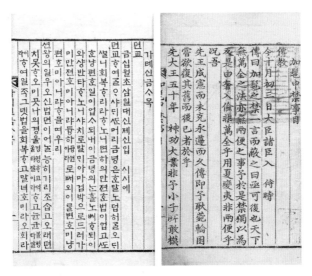

그림 71 , 그림 72
가체신금사목(加髢申禁事目), 1788년 정조 12년

영조의 뒤를 이은 정조 때는 더욱 강경해져서 가체금지령이 내려진다. 한자본과 언해본을 만들어 반포한다. 바로 1788년 정조 12년 가체신금사목(加髢申禁事目)(그림71, 72)이다. 『조선왕조실록, 정조실록 29권』 정조 14년 2월 19일의 일[156]이다. 정조와 대신들의 의논이 자못 심각하다.

持平柳畊啓言: "年前加髢申禁之命, 寔出於遵先朝昭儉之意, 祛一世尙侈之習, 則雖在閭巷婦孺之愚, 自當奉行朝令, 毋敢違越…"

지평 유경이 아뢰기를, "연전에 가체를 얹지 못하도록 거듭 금령을 내린 것은 실로 검박함을 밝힌 선조의 뜻을 따라 사치를 숭상하는 일세의 풍습을 없애려는 데서 나온 일입니다. 그러니 비록 시골의 어리석은 아녀자라 하더라도 응당 조정의 명을 받들어 행하고 감히 이를 어겨서는 안될 것입니다."

이후에도 정조는 세간에서 가체 풍습이 어떻게 돌아가는지 궁금했다. 정조 18년 10월 5일의 일[157]이다.

上曰: "…加髢之禁, 近亦何如云乎?"

左議政金履素曰: "首飾之華侈, 雖不襲前, 至於後髻, 漸尙高大, 嚴立科條, 禁其踰制似宜矣."

정조가 묻기를, "가체를 금한 것은 또한 요즘에 어떠한가?"

좌의정 김이소가 답하기를, "머리를 화려하고 사치스럽게 꾸미는 것은 비록 예전의 것을 답습하지 않으나, 뒷머리의 경우에는 점점 높고 커지고 있으니 엄하게 법조문을 세워 정해진 규격을 넘는 것을 금하는 것이 마땅할 듯합니다."

일명 가체금지령 이후 왕실에서 가체를 사용하지 않으면서, 가체를 만들던 여성장인 '수모(首母)'의 역할이 사라진 것으로 보인다.[158] 그러나 여인들의 사치는 결코 잦아들지도 멈추지도 않았으리라. 그건 인간의 욕망이었다. 막강한 힘과 추진력을 지녔던 정조였지만 여인들의 세속적인 욕망을 꺾지 못했던 것이다.

1770년 영국 조지 3세의 재위 시절이었다. 토리당Tory Party과 휘그당Whig Party의 양당체제인 영국의회에서 하나의 법률이 통과된다. 이름하여 향수단속령. 그런데 그 내용 안에는 가발도 포함되어 있다. 법률 내용을 보자.

> 향수, 가발, 스페인식 화장, 금속 코르셋, 하체를 부풀린 드레스, 하이힐, 꽉 조인 허리 등으로 왕국의 신하를 유혹하여 결혼에 성공한 모든 여성은 나이, 지위, 직업, 미혼, 기혼, 배우자 사별 여부 등을 불문하고 마녀 행위 및 유사 행위를 범한 혐의에 적용되는 처벌을 받게 되고, 해당 혼인은 무효가 된다. [159]

이 법률은 향수, 가발, 화장 등의 사용을 마녀 행위로 규정하여 처벌하고, 심지어 결혼을 무효로 한다고 명시한다. 이런 무시무시한 법률은 왜 생겼을까?

유럽의 도시들은 더럽고 지저분했다. 도시의 "…길은 음식물 찌꺼기, 사람과 동물의 배설물, 도살된 짐승의 피와 내장, 죽은 고양이와 개 등 온갖 종류의 쓰레기가 버려지는 도랑 같은 역할을 했다. …특히 런던의 플리트 강은 악취로 악명이… "[160] 자자했다. 도시 곳곳에 풍기는 악취는 물론 질병까지 만연했다. 14세기 유럽을 거대한 죽음으로 몰아넣은 흑사병도 이런 더러움 때문에 급속도로 퍼지며 심화된 것이다. 유럽인들은 자신들 몸에서 풀풀 나는 악취를 제거하기 위해 향수를 개발했는데, 세월이 지나면서 사람들이 멋을 내기 위해 향수, 가발, 코르셋 등을 사용한 것이다. 그러자 청교도들은 기독교 정신에 따라 향수 사용을 막기 위해 나섰다. 그 이유는 향수가 사람들의 허영을 조장하고 방종을 부추기며 나아가 그 인공의 향으로 인간의 본질적인 타락을 감춘다는 것이다.[161] 그럼에도 이런 멋 내기가 영국 전체로 유행처럼 번지자 영국의회가 이를 제한하기 위해 법률로 정한 셈이다. 그러나 이 법률은 실제 시행되지 않은 채 문서로만 남았다고 한다. 그 이유를 지금 와서 정확히 알기는 힘들다. 영국의회는 가발을 쓴 영국인들의 모습을 마녀로 보았지만 끝끝내 그 마녀들의 아름다움을 향한 욕망을 막아내지는 못한 것은 분명해 보인다.

동양과 서양은 인위적으로 구분한 경계라 해도 다른 성격의 시공간이다. 그러나 인간이라는 넓은 측면에서 보면 같은 성격의 세계이기도 하다. 동서양의 여성들이 아름다움을 가꾸기 위해 사치를 부리고, 멋을 내기 위해 머리에 치장을 한 것은 마치 약속이나 한 듯이 닮아 있다. 이를 사치와 유행으로 여기고 금지법을 만든 절대군주와 의회 역시 흡사하지 않은가. 이처럼 인간의 문화는 다르기도 하고 같기도 하다.

31

동서양,
미인의 조건

　　　　　조선의 신윤복, 일본의 기타가와 우타마로,
프랑스의 엘리자베스 비제 르 브룅.

　이들 세 화가는 18세기 중반에서 19세기 초중반 같은 시기를 살았
다.

　그리고 이들은 당대의 미인들을 그림으로 남겼다. 무척이나 공교로
운 일이다.

　동서양에서 미인이 되기 위한 조건이 있다면 무엇이었을까? 서로
다른 자연지리, 문화적 환경을 지닌, 조선과 일본의 에도시대와 프랑
스의 절대왕정을 거닐던 미인은 어떤 모습이었을까? 당대 사람들의
마음을 사로잡았을 미인들의 속삭임이 서서히 스며드는 듯하다.

　혜원은 모필(붓)을 내려놓고는 한지 위에 다소곳이 서 있는 여인의

낯을 쳐다보았다. 자신도 모르는 알 수 없는 감정이 전해져오며 손끝이 떨렸다. 오늘에서야 혜원 신윤복(慧遠 申潤福, 1758~1814(?))은 한 폭의 그림을 완성했다. 가장 아름다운 조선의 여인을《미인도》(그림73)에 담아냈다. 18세기 조선시대를 대표하는 걸작이 마침내 탄생하는 순간이었다.

중국에서 미인도는 일찍부터 사녀도(士女圖)란 또 다른 명칭으로 불리며 인물화의 한 분야로 자리잡아왔다.[162] 신윤복의《미인도》속 여인의 의복은 삼회장저고리 차림이다. 삼회장저고리는 깃, 끝동, 곁마기, 고름의 색깔을 다르게 한 것인데,[163] 이는 기녀의 특징을 고스란히 보여주고 있는 것이다. 미인도의 주인공은 기녀인 것이다. 여인은 전형적인 얹

그림 73 《미인도》, 혜원 신윤복, 18세기 말 ~19세기 초

은머리를 하고 있다. 얹은머리는 틀어 얹은머리라는 뜻의 트레머리로 지칭되기도 한다. 트레머리는 가르마를 타서 뒤로 넘긴 두발을 본머리로 하여 묶고 그 위에 꼬거나 엮은 가체 여러 개를 얹어놓은 형태이

그림 74 《샤미센을 연주하는 게이
샤》, 기타가와 우타마로, 1800년

다. 즉, 가체를 한 모습이다. 가체는 "혼인여부 표식, 사회의 질서유지
를 위한 신분구별을 나타냈다. 또한 아름답고, 화려하게 보여지기를
원했던"[164] 여인들의 욕망을 표현했다. 그래서 얹은머리는 반가 부녀
자를 비롯해서 일반 부녀자 및 기녀에 이르기까지 신분의 고하를 막
론하고 매우 성행하였다.[165] 미인도의 여인처럼.

    1800년대 일본 에도시대에는 목판이나 육필로 표현된 서민적인 풍
속화인 우키요에가 큰 인기를 모았다. 기타가와 우타마로(喜多川歌麿,
Kitagawa Utamaro, 1753~1806)는 이 시기를 대표하는 화가이다. 그가 남
긴 우키요에 《샤미센을 연주하는 게이샤》(그림74)를 보면, 삼현악기인
샤미센을 연주하는 전문예술인 게이샤(芸者: 운자)가 등장한다. 게이샤

그림 75 《궁중드레스를 입은 마리 앙투아네트의 초상화》, 엘리자
베스 비제 르 브룅, 1778년

는 얼굴을 흰색으로 바르는 전통화장인 시로누리(白塗り)를 하고 풍성

하고 높게 올린 머리 모양을 하고 있다. 니혼가미(日本髮)라는 전통머

리 모양으로, 16세기 중반 아즈치모모야마시대부터 18세기 중반 에

도시대까지 유행했다. 우타마로는 최소한의 선과 색체를 통해 여인의

섬세하고 미묘한 내면을 그려내서 관상 미인화의 화가로 평가받고 있

다. [166]

18세기 프랑스 궁중과 귀족들의 사교계를 풍미한 마리 앙투아네트. 그녀는 프랑스 국왕 루이 16세의 왕비였으며 호사스러움의 대명사였다. 그녀의 초상화는 현재까지 보존되어 있는데 화가 엘리자베스 비제 르 브륑(Elizabeth Vigee Le Brun, 1755~1842)은 마리 앙투아네트의 아름다움을 전담하다시피 그렸다. 대략 25점에 이른다.

엘리자베스 비제 르 브륑의 그림 속(그림75), 마리 앙투아네트의 머리 모양은 퐁탕주 스타일이다. 층층을 이루며 엄청난 높이로 치솟은 모양이다. 마리 앙투아네트 시대의 퐁탕주 스타일은 "다이아몬드와 진주가 박힌 두꺼운 핀들이 3인치(7.62센티미터) 높이로 머리에 꽂혀 있었고 그것은 구조물 같은 머리를 받치고 있는 것처럼"[167] 보일 정도였다. 무엇보다 공작, 타조깃털은 머리 모양에서 빼놓을 수 없는 장식이었다. 미인이 갖추어야 할 필수조건이었다. 하지만 미인으로 살아가기 위해서는 불편을 감수해야 했다. 마리 앙투아네트는 "머리 위에 장식한 새 깃털이 삐죽 솟은 탓에 마차를 탈 때는 머리장식을 내려놓았다가 마차를 탄 후에 다시 머리장식"[168]을 다듬었던 모양이다. 18세기 계몽사상가 몽테스키외는 당시 왕족과 귀족들의 머리치장을 자주 접했던 것으로 보인다. 그는 편지형식의 소설『페르시아인의 편지』에 퐁탕주 스타일에 관한 신랄한 풍자를 실었다. "퐁탕주의 어마어마한 높이 때문에 여성들의 얼굴이 그들 몸의 중간에 있는 것처럼 보였다."[169]

18세기 유럽 패션의 중심지는 프랑스 파리였고, 퐁탕주 스타일을 한 마리 앙투아네트야말로 미인의 조건을 갖춘 여인이었으며 패션을 이끄는 시대의 아이콘과 같은 존재였다. 그녀가 적어도 프랑스 대혁명의 단두대에서 사라지기 전까지는.

동서양 미인의 조건은 머리 모양에 있었다. 최대한 화려하고, 관능적으로 풍만하고, 가급적 높이 치솟은 상태로 치장하는 것. 동서양을 막론하고 미인은 가늘고 긴 머리카락을 어떻게 꾸미는지가 중요했다. 18세기 조선, 일본 에도시대, 프랑스 절대왕정, 그때를 살던 미인들은 자신들의 머리카락에 온 정성을 쏟았을 것이다. 예술적 감각을 발휘하는 데는 화가들보다 못지않은 솜씨를 지녔다.

32

전설의 화원이 본
조선의 풍습과 내면

도화원(圖畵署)은 조선시대 예조에 소속된 기관으로, 조선시대 왕실에서 진행되는 다양한 의례나 국왕의 초상화인 어진을 그려 중요 기록으로 남기는 일을 도맡았다. 도화원에 속해서 그림을 그리는 이들을 '화원(畵員)'이라 했다. 신분이 높은 "문신들은 화원을 천한 직업으로 대우했으며 신분상으로는 기술직 중인"[170]에 불과했다. 하지만 화원의 그림 솜씨는 누구도 부인할 수 없을 정도로 당대 최고를 자랑했다. 그중에 조선시대를 대표하는 전설의 화원들이 있었다. 혜원 신윤복과 그의 제자 단원 김홍도이다. 그들이 남긴 작품들에는 조선시대 여인들의 머리 모양과 어떻게 자신들의 머리를 관리했는지가 고스란히 묘사되어 있다. 18세기 후반 전설의 화원들이 남긴 그림, 그 안에 구현된 또 다른 세계로 들어가 보자.

어느 날이었을 것이다. 신윤복은 시냇가에 있는 세 명의 여인과 한

그림 76 《계변가화(溪邊佳話)》, 신윤복, 19세기 초

명의 남자에게서 흐르는 정경을 화폭에 담았다. 그리고 시냇가의 아름다운 이야기쯤으로 해석되는,《계변가화(溪邊佳話)》(그림76)라는 이름을 달았다.

　신윤복의 섬세한 시선을 따라서 그림 아래쪽 두 여인의 머리 모양을 살펴보자. 맨 아래 빨래하고 있는 여인의 머리는 결혼한 여성의 전형적인 모양으로 긴 머리를 땋아 위에 올린 얹은머리 형태이다. 얹은머리가 앞뒤로 축 처진 것으로 보아 '다리'로 장식했음을 추측할 수 있다. 조선시대 얹은머리형은 얹은머리, 첩지머리, 조짐머리, 후계로 나뉘기도[171] 했다. 첩지머리에서 첩지는 쪽머리의 가리마에 달던 장신구로 장식, 모양, 재료에 따라 신분상의 차이가 나타났다. 조짐머리는 의례, 행사 때 하던 머리 모양으로 머리털을 소라딱지 비슷하게 틀어 만들었다.[172] 조선시대에는 얹은머리의 크기가 아름다움의 척도여서 본인의 머리카락으로 만족하지 않고 돈을 주고 다른 여인의 머리카락을 사서 더 크게 했으며, 여인들은 혼례나 명절에 맞춰 좋은 다리로 얹은머리를 장식하는 것을 큰 낙으로 여겼다고 전해진다.[173]

다시 그림 속 세 여인 중에서, 중간에 위치한 여인의 머리 모양을 눈여겨보자. 다리를 넣으며 머리를 땋고 있는 여인의 모습이 표현되어 있는데, 여인의 주변에는 아직 사용하지 않은 세 개의 다리가 보인다.[174] 이렇듯 조선 중기를 넘어서면서 다리를 이용하는 것은 하나의 풍조를 이루어 당시 부녀자들 사이에서 매우 성행했다.[175] 특히 얹은머리는 양반가와 상민, 기생의 구분 없이 널리 유행했으나 크기가 클수록 비쌌기 때문에 신분과 부에 따라 크기에 있어 차이가 컸다. 이러한 이유로 18세기 들어 정조가 '가체신금사목'을 내렸으나 그 이후에도 얹은머리의 성행은 계속 이어졌다. 정조를 이은 순조(純祖, 1790~1834) 즉위 이후에야 쪽머리, 낭자머리가 얹은머리를 대신했다.

이처럼 당대 최고의 화원 신윤복의 《계변가화》에는 조선 후기 여인들 사이에서 유행했던 머리 모양이 생생한 광경으로 멈춰 있다.

거리 바닥에 그림판을 펼쳐놓은 두 명의 스님이 목탁과 광쇠를 두들기고 있고, 이를 구경하는 두 명의 여인이 등장한다. 스님과 여인들의 모습이 단원의 눈에 들어왔을 것이다. 단원의 출중한 손끝이 가만 있을 턱이 없었다. 그렇게 해서 완성된 작품이 단원 김홍도의 《점괘(占

그림 77 《접괘(占卦)》 또는
《시주(施主)》, 단원 김홍도,
18세기 후기

卦)》 또는 《시주(施主)》(그림77)이다. 스님들이 시주를 청하는 장면이다.

그림 속 한 여인은 장옷을 머리에 이고 있어 그 머리형태를 정확히 알기는 쉽지 않다. 뒤돌아선 채로 스님들을 빤히 쳐다보는 작은 체형의 여인을 주목해 보자. 땋은 머리를 하고 있는데, 다른 말로는 귀밑머리라고 했다. 전라도 방언에서는 귀영머리라고 불렀다. 땋은 머리는 이마 정 가운데서 머리를 반으로 갈라 귀 뒤로 넘긴 뒤에 땋은 모양이다. 흔히 결혼 전 여인이 하던 머리 모양으로 머리끝에 붉은색 제비부리댕기를 했고, 결혼 전 남자는 검정색 제비부리댕기를 했다. 최명희의 대하소설 『혼불』에는 땋은 머리와 댕기에 대한 또렷한 묘사를 엿볼 수 있다. "등 뒤로 땋아 내린 검은 머리 끝에는 제비부리댕기가 물려 있다. 붉은 댕기가 바람도 없는데 팔락 나부끼는 것 같다."

단원의 그림은 조선 후기의 결혼 전 여인의 모습이, 여인들이 하던 땋은 머리의 형태가 어떠했는지를 후대에 말해주고 있다. 단원의 그림은 풍속의 기록이 된 것이다.

전설의 화원 신윤복과 김홍도. 이 두 사람은 역사 속에서 미스터리가 많은 인물들이다. 그러나 천재적인 이들의 솜씨 덕분에 우리는 조선 후기 사람들이 어떻게 살았는지, 무엇을 좋아했는지를 알 수 있다. 특히 조선 후기 여성들의 의복과 머리 모양을 구체적으로 접할 수 있게 되었다. 신윤복과 김홍도가 그림에 담은 것은 사람의 모습 속에 드리운 조선이라는 사회의 공기였을 것이다. 인간사의 풍습과 사람들 내면의 풍경이었을 것이다.

영원불멸

조선의 미라는 대부분 사대부의 무덤에서 나왔다.

미라의 형상에는 수백 년 전 그들의 삶과 의식을 증거하는 흔적이

남아 있다.

높은 신분을 이어가고자 했던 열망이었으리라.

조선의 여인들은 머릿결을 유지하고 아름답게 가꾸는데

기꺼이 시간과 공을 들였다.

조선의 부모들은 아이들을 많이 낳아 자신들의 복을 대대로 이어주고

싶었다.

영원토록 변하지 않는 것에 대한 소망이었으리라.

그들은 영원불멸을 꿈꾸었을 것이다.

33

조선의 미라,
규합총서, 쌍상투

그날은 2009년 6월. 경남 광양만의 하동지구 내였다. 이곳에는 갈사만 매립지와 국도 19호선을 연결하는 진입도로가 있다. 바로 갈사만 진입도로 3호선 구간에 속한 마을에서 기이한 일이 발생한 것이다. 마을은 경상남도 하동군 금난면이었는데 진양 정씨의 문중 묘 이장이 한창이었다. 절차에 따라 350년 된 회곽묘(灰槨墓)의 뚜껑을 여는 순간, 문중 사람들은 놀라움을 금치 못했다. 그것은 형체가 분명한 한 구의 미라였다. 미라의 주인공은 누구였을까? 여인이었다.

미라는 조선 중기 정희연의 둘째 부인 온양 정씨(溫陽 鄭氏)였다. 나이는 대략 20~30대, 키는 155센티미터로 사망연도를 정확히 파악할 수는 없지만, 대략 17세기 초중반에 묻힌 것으로 추정되었다. 미라는 짚신 형태의 지혜(紙鞋)를 신었다. 지혜는 종이로 노끈을 꼬아 만든 짚신으로, 사대부 여인들이 종이를 형형색색으로 물들여 꽃신처럼 만들어 신는 게 유행이었다. 그런데 온양 정씨의 머리에서 특별한 장식이 발견되었다. 가체였다. 온양 정씨는 머리에 가체를 두른 채 무덤 속에 안장이 된 것이다. 온양 정씨의 가체는 "좌우 양쪽으로 세 갈래씩 땋아 꼰 머리카락은 머리를 휘감고 있었으며 다른 사람의 머리카락을 덧붙여 풍성하게"[176] 한 것이었다. 가체의 길이는 50센티미터, 온양 정씨의 원래 머리카락의 길이는 80센티미터로 측정이 되었다.

온양 정씨는 왜 죽어서도 가체를 했을까? 비밀에 대한 해답을 찾기 위해서는 조선시대 사대부가의 무덤을 알 필요가 있다. 조선의 미라는 인위적인 풍습으로 만든 외국의 미라와 달리 삼중구조로 된 회곽묘의 특성으로 자연스럽게 만들어진 것이다. 다시 말해, 석회를 주재료로 만든 삼중구조의 회곽묘가 습도와 온도를 적정수준으로 조절하며 시신의 부패를 막는 역할을 한 것이다. 16세기 임진왜란 이후 조선시대 사대부가에서 주로 사용한 무덤이 회곽묘인데, 이를 입증하듯 조선의 미라는 대부분 사대부의 무덤에서 발견되었다.

2006년 같은 하동군에서 발견된 성주 이씨(星州 李氏) 미라처럼 정 9품 하급관리의 부인의 것도 있으나 이는 예외적이다.

온양 정씨의 가체는 조선의 지체 높은 신분의 상징인 것이다. 그녀의 남편 정희연이 정3품 무관(正三品 武官)이었다는 사실에서도 알 수 있다. 무관 중 가장 높은 벼슬이 정3품이었다. 온양 정씨는 수백 년 세월 동안 미라가 되어서도 조선여인의 특별한 멋을 간직하고 있었던 것이다. 조선의 사대부 여인들은 자신들의 지체 높은 신분이 영원히 이어지기를 꿈꾸었던 것은 아니었을까.

한 여인이 있었다. 여인은 집안일이 끝나면 사랑채에서 늦은 밤까지 책을 읽었다. 그리고 틈틈이 생활에서 체험하며 얻은 실용적인 내

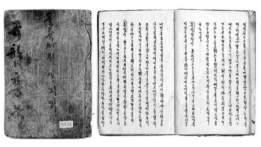

그림 78 『규합총서(閨閣叢書)』 빙허각 이씨, 1809년

용과 사유들을 기록했다. 이를 한데 모아 1809년 한 권의 책으로 저술했다. 제목은 『규합총서(閨閣叢書)』(그림78). 저자의 이름은 빙허각 이씨(憑虛閣 李氏, 1759~1824), 그때 나이가 51세. 조선시대를 통틀어 길이 남을 전무후무한 저자의 책일 것이다. 『규합총서』는 실학자의 관점으로 쓴 여성을 위한 생활지침서이자 가정백과사전이다. 『규합총서』에는 조선시대 여성들을 위한 모발관리법이 기록되어 있다. 조선시대 여성들은 어떻게 모발관리를 했을까?

『규합총서』에는 검은 모발을 만드는 모발관리법, 윤택한 모발을 만드는 모발관리법, 길고 숱이 많게 만드는 모발관리법 등이 수록되어 있었다.[177] 책 속에 담긴 빙허각의 숨결을 살펴보자. 그 내용은 다음과 같다.[178] 먼저 검은 모발을 만드는 방법이다. 구기자를 술에 담아 복용하면 흰 머리가 검은 머리가 되고, 호도와 참깨 잎을 달인 물로

머리를 감으면 모발이 검고 길어진다고 한다. 다음은 윤택한 모발을 만드는 방법이다. 배추씨기름을 머리에 바르면 모발의 길이가 길어지고, 대추나무의 뿌리에서 진액을 추출하여 머리에 바르면 머리숱이 많아진다고 한다. 그리고 길고 숱이 많아지도록 하는 방법이다. 양의 똥을 붕어 뱃속에 넣어 태운 뒤 그 가루를 머리에 바르면 머리숱이 많아지고 머리색이 검게 변한다고 설명한다.

빙허각 이씨는 실학자답게 삶에 이익이 되고 풍요롭게 할 수 있는 방법들을 알려주고 있다. 빙허각은 무수한 집안일을 해야만 했던 조선의 여인들이 아름다움을 오래도록 유지하는 실제적인 비결을 고심했을 것이다. 그래서 실천 가능한 다종다양한 방법들을 기록하여 후대를 위한 백과사전으로 저술했을 것이다. 빙허각 이씨의 『규합총서』는 영원한 아름다움에 대한 여인들의 마음을 충족시키는 가장 현실적인 조선시대의 책이다. 또한 조선 여인들의 일상생활과 미의식을 엿볼 수 있는 섬세한 통로이기도 하다.

백자도(百子圖) 또는 백동자도(百童子圖)(그림79)라는 이름을 가진 조선시대 민화가 있다. 그림 제목처럼 실제 백 명의 사내아이들이 등장하지는 않지만 신나는 놀이에 푹 빠진 어린아이들이 떼 지어 나오는 것만은 틀림없다. 이 그림은 중국에서 전해져 19세기 조선시대 유행한 것으로 8~10폭 병풍에 그린 작품이다. 조선시대 아이들의 모습 속에서 두 가지 흥미로운 점을 발견할 수 있다. 사내아이들의 등장과 백명의 숫자이다. 다산(多産)과 득남(得男)에 대한 당대의 소망과 욕구를 표현한 것이다. 조선시대에는 자손의 번창이 가장 큰 복이었으며 가

그림 79 《백자도(百子圖)》, 또는 《백동자도(百童子圖)》, 작자 미상, 연도 불명

문을 잇는 것은 오로지 사내였다. 이러한 의식이 자연스럽게 투영된 것이다.

그림에서 또 하나의 흥미로운 지점은 아이들의 머리 모양에 있다. 마치 두 개의 뿔이 머리에서 삐쭉 솟아 있는 듯하다. 아이들은 하나같이 쌍상투를 틀고 등장한다. 쌍상투는 상투만큼이나 보편적인 머리 모양으로 15세가 되어 성인의식을 치룰 때 머리를 둘로 갈라 올린 것을 말한다. 그런데 그림 속 아이들 옷차림과 외모는 흡사 중국아이들을 닮아 있다. 당시 가장 앞선 중국문물을 모방한 유행의 흔적으로 보인다.

가체를 한 채 수백 년 동안 잠이 든 미라, 양의 똥을 활용해 머릿결을 가꾼 여인들, 그리고 자손번창에 대한 부모들의 욕망과 중국문물의 영향이 녹아든 쌍상투 아이들. 조선시대 사람들의 일상에도 현대인과 다르지 않은 소망이 흐르고 있었다.

피카소가 뭐라고 했습니까?
"만약 빨간색이 없으면 파란색을 사용해라."
파란색을 빨간색처럼 보이게
만들라는 뜻입니다.

—데이비드 호크니 David Hockney, 『다시, 그림이다』

PART 3

전통과 자유 :

스타일, 금지, 아이콘

20세기 초, 신여성, 모단걸

경성은 식민도시였다. 하지만 모단걸들은 화려해진 경성 거리에서 자신의 헤어스타일을 자유분방하게 뽐냈다.

한 모단걸이 자신의 머리를 자랑했다.

"히사시가미라고 하죠. 저는 팜프도어라는 표현을 더 좋아하지만요. 제 머리 모양은 무척 간단하죠. 머리를 치켜 올려 빗은 다음에 정수리에 얹어요. 그리곤 예쁜 리본을 매면 끝이죠."

이화학당의 여학생이 새로운 헤어스타일에 대해 설명했다.

"제 머리는 트레머리예요. 예전에는 기생들이 하곤 했죠. 지금은 너나 할 것 없이 따라해요. 옆가리마를 타고 갈라 빗은 후에, 머리 뒤쪽에다가 넓게 틀어 붙이면 돼요. 머릿속에 심을 넣으면 트레머리가 커 보이나 봐요. 친구들 중엔 그렇게 하는 경우가 있거든요."

이수복이라는 이름의 화사한 여인이 다가왔다. 자신을 평양기생이라고 소개했다.

"저는 일본 유학을 다녀왔죠. 모단가루(걸)가 바로 저예요. 일본 동경제국대학교 출신하고만 교류하죠. 최근에는 동경미술학교를 나온 화가를 만났어요. 다들 제 머리 모양을 좋아하더군요. 단발머리가 단아하고 지적이고 활동적인 느낌이 든다고 하더군요. 그런데 단발을 싫어하는 분들이 많아요. 귀한 머리카락을 잘랐다면서, 모단걸이라며 손가락질하죠."

단아한 여성이 말을 꺼냈다.

"얼마 전에 일류 기생 강연화의 숏컷트를 봤는데 멋지더라구요. 너무 부럽기도 했죠. 과감히 제 쪽진머리를 바꿨답니다. 보시다시피 숏컷트로 말이죠."[179]

마지막으로, 경성 최초의 미용실을 차려서 장안에 유행을 창조하고 있는 화신미용부 오엽주 여사의 말을 들어보자.

"문예봉 같은 일류배우부터 신여성들, 황실의 종친까지, 화신미용부의 손님은 다들 대단한 분들이에요. 명월관, 국일관, 천향원의 일류기생들도 있고요. 퍼머를 하고 아이롱을 대서 양옆머리에 웨이브를 넣어주죠. 뒷머리는 2, 3단 컬로 꾸며주고요."[180]

20세기 초, 경성의 유행은 모단걸에게서 시작되었고, 그렇게 완성되었다. 새로운 문화를 만든 것이다.

스타일의 창조

20세기는 스타일과 함께 포문을 열었다.
모든 현대인들에게 스타일은 가히 절대적인 영향력을 끼친다.
헤어스타일, 라이프스타일, 패션스타일, 뉴욕스타일, 핀란드스타일,
보브스타일.
스타일이 사물, 지역, 사람이든, 그 어떤 대상이든 따라붙는 그 순간
놀라운 스포트라이트 효과가 생긴다.
만인이 좋아한다. 의미가 깊어진다. 세련된 느낌을 준다. 사랑스럽게
만들어준다.
그렇게 스타일은 이전에 없던 또 하나의 개념을 창조한다.

34

미미가꾸시와 히사시가미,
모단걸을 만나다

미미가꾸시, 히사시가미, 그리고 모단걸.

20세기 초, 조선과 대한제국이 몰락한 한반도에는 서구화된 일본 문물이 물밀듯이 밀려들어오며 개화기를 재촉했다. 일제강점기의 짙은 어둠 속에서도 멋과 유행이 사람들 사이에서 일어났으며 경성 여성들의 헤어스타일에도 일대 변화가 생겼다. 여인들은 오랫동안 댕기머리, 쪽진머리를 유지하고 있었다. 이러한 헤어스타일에 새로운 유행을 일으킨 여성들은 서구문화를 체험한 일본 유학생들, 국내 여학교의 여학생들, 일본을 다녀온 기생들이었다. 이들을 중심으로 일본을 통해 유입된 서구식 헤어스타일이 대유행을 했다. 개화기 여성들은 어떤 헤어스타일에 열광을 했을까. 여성들의 멋과 아름다움을 향한 관심은 뜨거웠다. 밝은 빛처럼 멈추지 않았다.

1920년대 일본에서 들어온 헤어스타일이 유행했는데, 당시 최고의 단편소설가인 이태준(李泰俊, 1904~미상)의 1929년도 소설 『누이』에서 조금이나마 확인할 수 있다. "미미가꾸시한 머리는 빗질만 멧번 하고 나서 끓는 물에 짜내인 낫수건으로 얼골에서 귓속까지…." 미미가꾸시(耳隱, 이은)는 "양쪽머리로 귀를 반 이상이

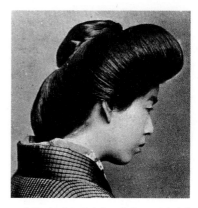

그림 80　19세기 말에서 20세기 초, 일본에서 유행한 히사시가미 스타일

나 가려 붙이고 살짝 웨이브"[181]한 형태라 하는데, "얼굴이 긴 여성에게 어울렸던"[182] 것으로 보인다.

이 무렵, 또 다른 헤어스타일을 한 신여성들이 대거 등장하기 시작했다. 일제강점기 일본에서 유학한 여학생들이 높게 치솟은 헤어스타일을 하고 귀국을 했는데, 이 낯선 머리 모양에 여러 가지 이름이 따라붙었다. 누군가는 '챙 머리'라 했고, 또 누군가는 '쥐똥머리, 쇠똥머리'라 불렀다. 머리 모양에서 연상되는 사물에 빗대어 그럴듯하게 표현했다. 그러나 정식 명칭은 따로 있었다. '히사시가미'(그림80)였다.

히사시가미는 일본 메이지시대 후기에서 다이쇼 초기에 유행했으며 1900년대에 볼 수 있던 일본식으로 변형된 팜프도어 스타일이다.[183] 히사시가미(庇髮, 상발)에서 히사시는 집이나 모자의 차양을, 가미는 머리칼을 가리키며, "앞머리를 불룩하게 빗어 올리고 뒷머리는 들어올린다"[184]는 뜻을 가지고 있다.

당대의 문장가이자 예술가 김용준(金瑢俊, 1904~1967)은 1948년에 발표한 『근원수필』에서 히사시가미를 이렇게 묘사한다.

그런데 늘 보아도 눈에 설고 얄미워 보이는 것은 고놈의 쥐똥머리이니 이 쥐똥머리란 것은 한 25, 6년 전 처음에 서울 거리에 푸뜩푸뜩 보일 때는 보통 명사(名詞)가 히사시가미였고, 속칭으로는 소위 쇠똥머리라 했다. 그때도 쇠똥을 딱 붙인 것 같다 해서 그렇게 명명한 건인데 요즈음 와서는 고놈이 점점 작아져서, 쥐똥만큼 돼 버리고 보니 이제는 쥐똥머리라고 하는 수밖에 없다.[185]

이 히사시가미를 다른 말로 '팜프도어 스타일'이라 칭했는데, 팜프도어라는 말의 뜻은 무엇일까? 혹시 17세기 루이 14세의 정부이자 유행의 창조자인 마리 앙젤리크 퐁탕주를 기억하는가? '퐁탕주fontange'라는 프랑스어를 일본식 영어로 표기하면 '팜프도어'가 된다. 1931년 상영된 프랑스의 뮤지컬 영화 《팜프도어의 변덕》, 같은 해 독일의 역사 뮤지컬 영화 《마담 팜프도어》 속 여주인공 이름은 아예 팜프도어이다. 17세기 퐁탕주 헤어스타일이 20세기 아시아의 동쪽에서 새롭게 탄생한 것이다. 팜프도어 스타일은 1920년대 중반 식민지 조선의 신여성들에게 인기를 끌지만 그다지 오래가지는 못했다.

1920년대 후반에서 1930년대가 되자 이전 신여성과는 다른, 모던걸modern girl(그림81)의 시대가 되었다. 머리카락을 자른 여성이라는 뜻으로, 모단걸(毛斷걸)이라 부르기도 했다. 당시 경성의 일상은 단발이라는 새로운 스타일의 여성상에 대한 호기심과 매혹으로 충만했다.[186] 사람들은 단발에 빠져들었고, 모단 걸을 대신해 단발랑(斷髮娘)이라는 표현도 등장했는데 이는 단발미인을 의미했다. 1934년 한 일간지에 연재된 김웅초(金熊 超, 1906~1962)의 소설 『망부석』에는 단발 랑에 대한 흔적이 또렷이 나타난다. 소설 속 주인공으로 보이는 재호라는 인물이 장안의 명소인 창경원에서 여성들을 구 경하는 대목이다.

그림 81 기요시 고바야가와가 그린 모던걸, 1930년

> 머리를 따어내린 과년한 처녀가 긴치
> 마에, 한 고무신을 신고 길메기떼가 들끄른 철망한 연못안을 물끄
> 럼히 보고 섯다.
> ―보통학교나 다녀본 색신가?
> 양장한 단발랑 둘이 엉덩이를 휘두르면서 잔디밧우를 거러간다.
> ―××회관 녀급이로군! 술 안 팔고 왜 나왓나![187]

소설 속 인물은 머리를 땋아 내린 여성을 보통학교 색시로 보는 반면, 양장 차림의 단발랑을 보고 녀급, 즉 기생으로 지칭하고 있다. 1930년에 들어서면 경성이라는 도시의 규모가 커지면서 다양한 '여성'과 '―껄들'이 등장한다. 여성은 여학생, 카페여급, 기생, 모던껄을 말하고, 그중 모던껄은 신종 직업여성으로 숍껄, 데파트껄, 엘리베이트껄, 버스껄 등을 가리킨다.[188] 이러한 여성과 '―껄들'이 혼재되어 모던걸, 모단걸로 통칭했다. 소설에서 본 것처럼, 경성 사람들 시선에 모단걸은 새로운 근대의 여성상이면서, 유흥과 섹슈얼리티를 풍기는 모던껄이었다. 모단걸은 화장, 의복, 장신구, 헤어스타일 어느 것 하나 빠지지 않고 신식 남성들과 대중의 선망의 대상이었다. 그중에서도 헤어스타일은 첨단유행을 이끌었다. 헤어스타일이야말로 욕망을 실현하고 돋보이게 하는 최상의 표현이었다. 모단걸은 이전 신여성들이 하지 못한 것을 했다. 새로운 감각의 생산자이면서 소비자였고 스스로 상품이 되는데 주저함이 없었다.[189]

개화기는 일제강점기의 암흑기였다. 그러나 조선인들은 일본을 통해 서구문물을 접하며 새로운 멋과 아름다움으로 변신하던 시기였다. 이는 모순의 공존이었다. 이국적 문화에 대한 동경도 있었을 것이다. 조선의 명동은 화려하고 세련된 서구문물의 집합소와 같았다. 경성의 여성들은 히사시가미, 미미가꾸시, 단발 같은 헤어스타일로 자신의 정체성을 가꾸며 새로운 세계를 경험했다. 또한 스스로 긴 머리카락을 짧게 자르고 과감하게 자신의 욕망을 드러내는 모단걸을 선택했다.

35

스타일의 창의성,
피그와 덕

　　　　　　　　　　　인간의 아이디어와 창의성은 의외의
대상과 순간에서 재기 발랄하게 번뜩이곤 한다. 그 대상은 예상보다
아주 가까운 곳에 있다. 바로 헤어스타일이다. 곰곰이 살펴보면 인간
들은 꽤 오래전부터 상상력을 발휘해서 동물의 신체 특징을 닮은 헤
어스타일로 멋을 부렸다. 동물의 신체를 닮았다면 대체 어떤 동물일
까? 이런 헤어스타일은 누가 선호할까? 모든 궁금증은 이 동물에 숨
어 있다. 피그와 덕이다.

　피그pig는 알다시피 돼지라는 뜻으로 헤어스타일 중에 피그테일pig-
tail이 있다. 이 피그테일 머리 모양으로 전 세계적으로 사랑받아온 캐
릭터가 존재한다. 1908년 루시 모드 몽고메리(Lucy Maud Montgomery,
1874~1942)(그림82: 20대 중반 시절의 루시 모드 몽고메리 사진)가 발표한

그림 82　20대 중반 시절의 루시 모드 몽고메리

『빨간 머리 앤』(그림83)의 앤 셜리Anne Shirley이다. 아마도 빨간 머리 앤처럼 소설은 물론 애니메이션까지 꾸준한 인기를 대중적으로 누려온 소설의 캐릭터도 드물 것이다.

소설 속의 앤은 고아 소녀로 캐나다 동쪽 프린스 에드워드 섬의 시골마을 에이번리의 '초록색 지붕의 뾰족한 창(작품의 원제 『Anne of Green Gables』)'이 있는 집에서 살아간다. 빨간 머리 앤의 공간은 지붕 아래의 뾰족한 창문이 달린 방Gables을 의미한다. "…그러나 빨강머리를 양 갈래로 길게 땋아 내리고 유난히 눈을 반짝거리며, 뻣뻣하고 보기 흉한 원피스를 입은 묘하게 생긴 아이가 눈에 들어오자…"[190] 루시 모드 몽고메리가 묘사한 앤의 모습이다. 이처럼 우리가 아는 앤은 양 갈래 머리를 하고 다닌다. 그런데 왜 앤의 헤어스타일을, 돼지꼬리라는 뜻의 피그테일이라 부르는 걸까?

피그테일은 17세기 아메리카

그림 83　소설 『빨간 머리 앤』, 루시 모드 몽고메리, 1908년

원주민들이 즐기던 기호식품에서 시작되었다. 담배이다. 피그테일의 명칭은 씹는 담배를 꼬아놓은 모양이 돼지 꼬리를 연상케 해서 생긴 것으로, 양 갈래 땋은 머리Twin Braids와 세 갈래 땋은 머리Basic Braids로 나뉜다.[191] 명칭은 비록 퀴퀴한 씹는 담배와 돼지 꼬리에서 유래했지만, 앤의 피그테일 헤어스타일은 수다스럽고 밝고 명랑한 성격을 그대로 나타내준다. 피그테일 헤어스타일과 앤은 서로 불가분의 관계인 것이다.

그림 84　1950년대 최고의 청춘스타 제임스 딘

덕테일duck-tail이라는 단어는 '집오리의 꼬리'를 말한다. 어떤 모양의 헤어스타일일까? 약간의 상상력이 필요한 명칭이다. 덕테일은 1950년대 미국의 10대 청소년들 사이에서 선풍적인 인기를 모았다. 당시 최고의 청춘스타이자 영화배우 제임스 딘(James Dean, 1931~1955)(그림84), 록앤롤의 제왕 엘비스 프레슬리(Elvis Presley, 1935~1977)(그림85)가 즐겨하던 스타일을 모방한 것이다. 제임스 딘은 반항하는 젊음의 대명사, 엘리스 프레슬리는 자유와 열정의 아이콘이었기 때문이다. 미국의 작가 스티븐

그림 85　1950년대에서 1970년대까지 활동한 록앤롤의 제왕 엘비스 프레슬리

킹(Stephen King, 1947~현재)은 덕테일 헤어스타일에 얽힌 일화가 노스탤지어로 남은 것 같다. 그의 자전적인 성장소설『스탠 바이 미』에는 이런 대목이 나온다. "무엇보다 교사들은 덕테일 헤어스타일을 하고 가죽 재킷에 가죽 부츠를 신은 이 허깨비 같은 녀석이 아무 예고도 없이 자기 교실에 불쑥 나타난 것을 달가워하지 않았다." 덕테일은 양쪽 머리를 바짝 붙여 뒤로 당기고, 뒷머리 쪽을 모아 오리꼬리처럼 올린 헤어스타일을 말한다. 덕테일 헤어스타일은 청춘의 상징이자 젊은 날 끓어오르던 반항의 표현이었던 셈이다.

피그테일과 덕테일은 돼지꼬리와 오리의 꼬리를 닮은 헤어스타일이다. 처음부터 의도적으로 동물의 신체를 따라서 머리 모양을 한 것일까? 어떤 익명의 존재가 이름을 달아준 뒤, 대중들 사이에서 유행처럼 번지며 자연스럽게 오늘의 이름으로 정착된 것일까? 이유야 어찌 되었든 피그테일은 에이번리 마을에 사는 빨간 머리 앤의 영원한 상징으로, 덕테일은 기성세대의 가치에 반항하고 그들로부터 벗어나 자유를 갈구하던 1950년대 청춘들의 대명사로 기억되고 있다. 피그테일과 덕테일이라는 우스꽝스러운 명칭조차도, 앤과 제임스와 엘비스에게는 멋진 장식으로 뒤바뀐다.

36

할리우드의 은막, 철의 장막, 그 여인들을 조심하라

휘황찬란한 자본주의 도시,
철저히 통제된 사회주의 도시.

그곳의 지배자는 누구일까. 거대한 범죄조직. 아니다. 그들을 잡으려는 수사관 또는 비밀경찰. 틀렸다. 여인들이다.

1930, 40년대 제2차 세계대전을 전후로 미국의 대중들 사이에서 범죄 느와르film noir, 하드보일드hardboiled 장르의 영화와 소설이 폭발적인 인기를 끌었다. 주인공은 고독한 형사, 경찰, 사립탐정 등이며, 범죄와 부패로 얼룩진 도시에 숨어살다시피 하는 야비하고 거칠고 정신적으로 불안정한[192] 남자들이 대부분이다. 이런 어두운 성격의 남자들을 유혹하고 위험에 빠뜨리는 불가항력적인 미모의 여인들이 반드시 등장했다. 비슷한 시기 사회주의 소련에서도 색다른 여인들이 대중 앞에 나타났다.

자본주의 도시의 주인공은, 바로 관능미의 화신 팜 파탈femme fatale. 프랑스어로 "숙명을 지닌 여인"이라는 뜻으로, "관계가 엮이면 치명적인 상처를 입을 수밖에 없지만 너무나 유혹적이라서 피할 수 없는 여인을"[193] 가리킨다. 남자들은 때로 팜 파탈을 요부, 악녀로 부르기도 하지만 그것만으로는 묘사가 부족하다. 팜 파탈은 맹독과 달콤함과 섬세한 감정과 불꽃의 화기를, 동시에 품고 있기 때문이다. 그 여인들은 복잡한 성격의 소유자이다.

성서에 나오는 살로메Salome. 역사상 가장 섬뜩한 팜 파탈의 일 순위에 해당될 여인일 것이다. 살로메는 세례 요한을 유혹하다가 거절당하자 복수를 감행한다. 왕에게 거짓을 연기해 요한의 목을 자르게 한다. 사실 팜 파탈은 첫눈에 알아 볼 수 있는 외적인 특징을 지니고 있다. 늘씬한 몸매에 긴 금발머리의 소유자이다. 왜 하필 금발머리일까? 그것은 상대남자들을 유혹하는데 금발머리가 가장 확실한 도구이기 때문이다. 팜 파탈의 금발머리가 뿜어내는 향기는 강렬한 중독성이 있어, 마치 "식충식물인 끈끈이와도 같아 벌레 같은 남자들은 자멸하듯 이 요부가 파놓은 함정 속으로 빠져 들어간다."[194] 그리고 남자들은 미로 속을 헤매듯 영영 벗어나지 못한 채 죽음의 늪으로 향하고 만다. 소설과 영화 속의 팜 파탈로 오랫동안 기억되는 배우들이 있다.

1934년 미국의 소설가 제임스 M. 케인(James M. Cain, 1892~1977)은 한 편의 소설을 발표한다. 『우편배달부는 벨을 두 번 울린다』였다. 1930년대 미국 대공황기 캘리포니아를 배경으로 음모와 치정, 그리고 살인이 펼쳐진다. 떠돌이 프랭크 챔버즈는 우연히 고속도로 간이

식당에 일자리를 얻는다. 이곳의 주인 아내 코라의 유혹에 넘어가게 되어 마침내 코라의 늙은 남편을 잔혹하게 살해하는 치정극이다. 떠돌이 남자를 범죄로, 늙은 남편을 죽음으로 인도하는 코라가 금발머리

그림 86 영화『우편배달부는 벨을 두 번 울린다』의 여주인공 라나 터너, 1946년

를 한 전형적인 팜 파탈이다. 물론 떠돌이 프랭크는 코라의 몸을 소유하고 싶었다. 완전범죄를 꿈꾸었던 프랭크와 코라. 그러나 두 남녀는 파국으로 끝이 난다. 1946년 동명 영화에서 코라 역할을 맡은 여주인공 라나 터너(Lana Turner: 1921~1995)(그림86: 동명 영화 속 라나 터너)는 두고두고 회자되는 팜 파탈이다.

1936년 영국의 소설가 그레이엄 그린(Graham Greene, 1904~1991)은 거미줄 같은 음모에 걸린 어느 살인청부업자 필립 레이븐의 이야기를 발표한다. 제목은『권총을 팝니다(『살인청부업자』로 번역되기도 함)』. 이 작품에는 엘렌 그레이엄이라는 여인이 등장한다. 동명 소설을 각색한 1942년 영화『백주의 탈출』

그림 87 영화『백주의 탈출』의 여주인공 베로니카 레이크, 1942년

에서 여주인공을 맡은 베로니카 레이크(Veronica Lake, 1922~1973)(그림 87: 동명 영화의 포스터 속 베로니카 레이크)는 관능의 열기와 차가움을 동시에 지닌 팜 파탈의 조건을 모두 보여준다.

그림 88 영화 『상하이에서 온 여인』의 여주인공 리타 헤이워드, 1947년

영화사에 길이 남을 위대한 감독들의 작품에서도 팜 파탈이 된 배우들이 자신들의 정체성과 속살을 과감히 드러냈다. 감독 오손 웰스(Orson Welles, 1915~1985)가 1947년 완성한 필름 느와르의 걸작 『상하이에서 온 여인』에서 대부호의 아내 엘사 베니스터 역을 맡은 리타 헤이워드(Rita Hay-worth, 1918~1987)(그림88: 동명 영화 포스터 속 리타 헤이워드)는 황홀한 매혹으로 스크린을 장악했다. 뭇 남성들의 시선은 리타 헤이워드라는 블랙홀 속으로 빨려 들어갔다. 감독 알프레드 히치콕(Alfred Hitchcok,1899~1980)이 연출한 호러, 미스터리, 스릴러물의 여주인공들은 대부분 금발이었나. 1958년 공개된 그의 대표작인 『현기증』에서 여주인공을 맡은 킴 노박(Kim Novak, 1933~현재)(그림89: 동명 영화 속 장면의 킴 노박) 역시 팜 파탈의 존재감을 보여주었다.

할리우드 은막을 지배한 금발머리의 팜 파탈들에게는 일관된 특징이 있었다. 영화비평가 로저 에버트(Roger Ebert, 1942~2013)의 말처럼,

"그들은 얼음같이 차
갑고 쌀쌀하다. …그
들은 육체적으로 또
는 정신적으로 장애
가 있는 남자들을 매
료시킨다."195

그림 89 영화 『현기증』의 여주인공 킴 노박, 1958년

류보프 오를로바
(Lyubov Orlova, 1902~1975)는 영화배우, 댄서, 가수로서 1930, 40년대
소련의 스타였다. 스탈린상을 받은 인민예술가이며 훗날 우표 모델로
등장했다. 그녀의 탈색한 머리와 풍성하게 부풀린 올림머리를, 숱한
소련 여성들이 따라할 만큼 대단한 인기의 주인공이었다.196 1960년
대 말에는 스베틀라나 스베틀리치니아(Svetlana Svetlichaya, 1940~현재)
가 금발을 하고 도발적인 눈빛으로 스크린을 누볐다.

　팜 파탈은 현실이 아닌 할리우드 영화와 소설의 세계를 활보한 허
구의 여인들이자 팜 파탈을 연기한 배우들이다. 그러나 작가의 상상
력만으로 그려진 모습은 아닌 듯싶다. 팜 파탈의 늘씬하고 굴곡진 몸
매, 긴 금발머리 스타일은 남성들 내면의 은밀한 욕망을 구현한 것은
아닐까. 이러한 매력은 소련의 스타들 또한 마찬가지였을 것이다. 통
제와 감시로 가득한 철의 장막 속에서도, 소련의 스타들은 여성에게
는 아름다움의 열망을, 남성에게는 여성의 촉감을 선사하기에 충분했
다.
　냉전시대 소련의 스타들은 헤어스타일로 우상이 되어 철의 장막을

감각으로 물들였다. 현실 어딘가에서, 긴 금발머리를 한 팜 파탈에게 사로잡힌 남성들이 휘황찬란한 도시의 밤거리를 배회하고 있을 것만 같다. 팜 파탈의 향기와 손길은 헤어 나오기 어려울 정도로 치명적이다. 그 여인을, 금발머리를 조심하라.

37

두 명의
슈퍼스타

그들은 시대를 뒤흔들었다.

여기 자신의 영역을 뛰어넘어 대중문화예술과 그 시대에 커다란 영향을 끼친 불세출의 인물이 있다. 두 명의 걸출한 인물. 후대는 그들을 '대중문화의 슈퍼스타'라는 수식어를 달아주었다. 한 명의 이름은 앤드루 워홀라 주니어. 그러나 예명인 앤디 워홀로 더 알려진 인물이다. 그의 직업은 경계를 넘나드는 예술가이자 사업적 수완이 뛰어난 예술 비즈니스맨. 다른 한 명의 이름은 비달 사순, 그의 직업은 헤어 디자이너이자 기업가. 두 명의 슈퍼스타와 헤어Hair는 불가분의 관계였다.

앤디 워홀(Andy Warhol, 1928~1987)은 팝 아트Pop Art의 창시자(그림 90)로 1960, 70년대 대중문화예술계의 판도를 뒤바꾼 예술가이다. 그

그림 90 팝아트의 창시자 앤디 워홀

는 마릴린 먼로, 엘비스 프레슬리, 캠벨 수프 통조림 같은 대중문화의 상징을 복제이미지로 활용한 작품으로 유명세를 탔다. 그의 작품에 대한 느낌을 생생하게 알려주는 어느 소설가의 감상을 들어보자. "1994년 앤디 워홀의 작품을 처음 실물로 봤을 때… 전시장 벽을 가득 채운 마릴린 먼로의 실크스크린 초상을 보며, 그것이 내가 이전까지 본 그 어떤 마릴린 먼로보다 더 화려하고 매력적이라는 사실에 놀랐다."197

앤디 워홀은 자기 작품만큼이나 세상에 없는 독특한 헤어스타일로 대중의 시선을 사로잡았다. 은발머리다. 그런데 그의 은발머리가 가발이라는 사실. 앤디 워홀은 20대부터 탈모가 심해져 자연스럽게 은발머리가발을 착용했고, 은발머리를 자신의 트레이드마크trademark로 과감히 살렸다. 앤디 워홀은 스스로 "돈을 버는 것은 예술이고 일하는 것도 예술이며 사업을 잘 하는 것은 최고의 예술이다"라고 할 정도로, 예술가와 예술 비즈니스 영역을 자유분방하게 넘나든 인물이다. 그의 은발머리에는 프라이트 위그Fright Wig라는 애칭이 따라 다녔는데, 이 뜻은 깜짝 놀라서 머리카락이 삐죽삐죽 솟은 모습을 말한다. 그는 영민하게 자신의 은발머리 스타일을 예술 비즈니스의 상징으로 더욱 극대화한 것이다. 앤디 워홀은 매일 아침 외출을 하기 전에 "세수를 하고 은발의 머리를 단정히 했는데 '풀칠'이라고 불렀다."[198] 그가 은발 머리 스타일에 대해 갖는 각별한 애정을 엿볼 수 있는 일화이다. 역시 대중문화예술계의 슈퍼스타답다.

2012년 5월 10일 일간신문들은 앞 다투어 84세 영국인 노인의 사망소식을 다음과 같이 전했다. "여성 머리 모양을 혁신적으로 바꿔왔던"[199], "전설의 헤어드레서"[200], "머리 미용술의 일대 혁신을 일으킨 헤어아티스트"[201] 그의 이름은 비달 사순(Vidal Sasson, 1928~2012)이다. 그에게 주목하는 특별한 이유는 보브 컷의 창시자이기 때문이다.

평범한 단발머리라는 뜻의 보브, 기하학적인 커팅을 합친 '보브 컷(Bob Cut, 일명 사순 컷 Sassoon Cut).' 한때 한국에서는 '바가지 머리'라는 별칭으로 부르기도 했다. 1960년대 선보인 미니멀 스타일의 짧은 단발머리인 보브 컷은 특히 오피스 걸 사이에서 선풍적인 인기를 끌었다. "수많은 오피스 걸들이 그가 창안한 단발머리에" 환호했다. 오피스 걸들이 긴 머리를 손질하는데 걸리는 시간과 번거로움에서 벗어날 수 있었던 것이다. 1960년대 여성에게는 새로운 해방의 때였다. 또한 보브 컷은 엇비슷한 여성들의 헤어스타일을 개인의 두상에 따라 각각 변화를 주었다. 그러한 이유로 보브 컷은 유행에서 끝나지 않았다. 그가 창안한 헤어스타일은 멋질 뿐 아니라 활동적이고 관리하기 쉬워 여성들에게 단순한 외모의 변화를 넘어 생활과 사고에도 혁명적인 변화를 불러왔다는 평가다.[202] 보브 컷은 미니스커트 열풍과 더불어 여성해방의 상징이 된 것이다. 비달 사순은 여기서 그치지 않았다. 영화계에 진출해 1968년 흥행과 비평에 성공한 영화《로즈메리의 아기》의

여주인공 미아 패로(Mia Farow, 1945~현재)(그림91: 미아 패로와 비달 사순의 모습)의 헤어스타일을 디자인했다. 이러한 보브 컷에 대한 높은 관심과 인기는 도시화, 산업화를 추진하던 1960년대 한국에서도 예외가 아니었다. 1964년도 어느 신문에서 다룬 보브 컷 관련 기사다. "보브 스타일은 매력은 있지만 약간 어린애 같다는 이유로 경원하는 사람도 있었다. 그러나 우아한 보브 머리는 어른다운 감각과 여자다운 매력을 충분히 나타내는 새

그림 91 영화《로즈메리의 아기》의 여주인공 미아 패로와 비달 사순

로운 여름철의 머리형이다."[203]

예술가이면서도 예술 비즈니스에도 능했던 앤디 워홀. 그는 자신의 은발머리를 하나의 뛰어난 상품으로 만들어 자신이 팝 아트의 창시자임을 대중들에게 확고부동하게 각인시켰다. 팝 아트로 새로운 문화를 탄생시켰다. 헤어아티스트이면서도 자신의 뷰티 브랜드를 가지고 있던 비달 사순. 그가 창시한 것은 여성들의 멋을 위한 헤어스타일만이 아니었다. 여성들의 삶에 진취적인 활동성과 자유로움을 불러일으켜 주었다. 두 사람은 사회 혁명가와는 거리가 멀었다. 그러나 두 사람은 보수적인 시대의 분위기를 뒤흔들어 놓고 시대의 욕망을 분출케 한 화려한 슈퍼스타였다. 욕망의 설계자였다.

38

머리카락으로
노래하다

가수는 입과 뇌와 눈빛과 몸짓과 의상으로 노래를 부른다.

그리고 머리카락으로 그 노래를 완성한다. 가수에게 머리카락은 케라틴keratin이라는 단백질로 이루어진 것 이상이다. 가수는 머리카락에 자신만의 독특하고 자유로운 인장을 새긴다. 그때 비로소 가수의 머리카락은 팬들을 향해 스스로 노래를 하는 것이다. 상상이 지나치다 할지 모르겠으나 우리는 이미 가수의 머리카락이 노래하는 것을 들어왔다.

1960, 70년대 미국은 히피의 세상이었다. 그리고 머리카락으로 노래하는 뮤지션들이 무대를 장악했다. 대중과 언론은 히피와 뮤지션들에게 열광했다.

"머리를 어깨까지 치렁치렁 기르고 '전쟁 말고 사랑을 하자'는 히피문화에 푹 빠져 60년대를 보냈다."[204] 다국적 기업 유니레버사의 CEO를 지낸 니알 피트제럴드(Niall FitzGerald, 1945~현재)의 회고담이다. 한 시대를 풍미한 히피문화에는 눈에 띄는 특징이 있었는데 어깨까지 치렁하게 내려온 헤어스타일이다. 어떻게 해서 긴 헤어스타일은 히피문화의 상징이 되었을까?

히피는 무슨 뜻일까? 히피 헤어스타일을 처음으로 창시한 사람은 누구일까? 흔히 히피hippie는 happy(행복한) + hip(가락을 맞추다, 라는 재즈음악의 용어 힙 또는 엉덩이를 뜻하는 힙)의 합성어로 설명한다. 히피의 핵심은 행복과 음악이 아니었을까. 히피문화는 미국서부 샌프란시스코에서 1960년대 중반 무렵부터 시작되었다. 히피는 풍요로운 미국식 자본주의와 물질문명에 찌든 기성세대와 그들의 문화에 대한 저항을 외치며 '행복한 세상'을 꿈꾸었다. 또한 인도의 명상과 일본의 선불교에 심취했으며 어쿠스틱 기타를 치고 '록 음악을 부르며' 어디에도 구속되지 않은 자유로운 정신을 추구했다.

히피문화는 반문화 운동으로 반전운동, 기성문화 반대, 성 해방, 자연으로 복귀, 자유를 추구하는 생활을 했다.[205] 1960, 70년대 미국의 청년들은 기성세대의 물질중심주의 가치관과 베트남 전쟁을 일으킨 미국의 폭력성과 과학의 진보 앞에서 절규했다. 그리고 히피들은 부모세대가 이룩한 풍요로운 세상에 대한 회의와 저항을 긴 머리 헤어스타일로 표현했다. 히피의 긴 머리는 인위적인 멋을 전혀 내지 않음으로써 기성세대의 인위적인 멋에 반기를 들었다. 물질과 과학에서 탈피해 자연으로 돌아갈 것을 신체의 언어로 보여주었다. 이러한 히피 헤어스타일의 특징은 어깨 아래까지 길게 내려온 긴 머리에 있었다.

1994년도 영화《포레스트 검프》에는 1960년대 히피문화의 풍경이 인상적으로 펼쳐진다. 주인공 포레스트 검프의 여자친구 제니가 길게 늘어뜨린 머리, 청바지 차림으로 기타를 치는 장면이 나온다. 제니의 복장과 헤어스타일은 전형적인 히피 스타일이다.

히피의 헤어스타일을 창시한 사람은 당시 하버드대학교의 심리학자인 티모시 리어리(Timothy Leary, 1920~1996)였다. 그는 1960년대 미국 히피문화운동의 거대한 물결의 한가운데에 선 지도자였다.[206]

히피의 시대를 대표하는 무수한 가수들이 존재해왔고 세월과 함께 명멸해 갔다. 그럼에도 밤하늘의 별처럼 여전히 히피의 시대를 상징하는 뮤지션이 존재한다. 존 레넌(John Lennon, 1940~1980)과 제니스 조플린(Janis Lyn Joplin, 1943~1970)이다.

1966년 비틀즈의 앨범《리볼버》에 수록된 존 레논의 곡《Tomorrow Never Knows》는 티모시 리어리의 저서『티벳 사자의 서에 기초한 매뉴얼』에서 빌려와 가사를 썼다. 티모시 리어리가 청년들에게 LSD 환각제를 통해 기존질서에서 빠져나올 것을 주장했고, 이에 대한 응답을 존 레논이 노래로 부른 것이다.

1968년 1월 북베트남의 기습적인 구정공세로 미국은 베트남전에서 큰 손실을 입었다. 베트남 전쟁의 폭음과 화염은 한층 격화되고 있었다. 1969년, 세상은 당장이라도 폭발할 것 같은 시점이었다. 그해 3월, 존 레논은 오노 요코와 결혼을 하고 신혼여행을 독특한 퍼포먼스로 기획한다. 베드 인 포 피스(Bed-Ins for Peace, 평화를 위한 침대 시위)(그림92). 존 레논은 자신의 대중적 파급력을 최대한 이용해 베트남 전쟁 반대 운동을 펼친 것이다. 이날 존 레논은 짧고 선명한 구호를 호텔방

그림 92 존 레논과 오노 요코의 퍼포먼스. 베드 인 포 피스(Bed-Ins for Peace, 평화를 위한 침
대 시위), 1969년

유리창에 보란 듯이 붙여놓았다. HAIR PEACE BED PEACE. 머리
카락에 평화를, 침대에 평화를. 이 무렵 그는 대중음악계의 우상에서
벗어나 히피가 되어가고 있었다. 머리카락으로 노래를 하고 있었던
것이다.

1969년 8월 15일, 또 하나의 폭발이 다가오고 있었다. 그것은 저항
과 자유를 향한 폭발이었다. 미국 뉴욕주 북부 베델 평원의 한 농장에
수십만의 히피들이 미국 전역에서 모여들었다. 전설적인 '우드스톡
페스티벌(Woodstock: Three Days of Peace and Music)'(그림93)이 열렸다. 그
리고 3일 동안 저항과 자유의 노래가 울려 퍼졌다. 히피들의 해방공
간이었다. 이곳 무대 위에 제니스 조플린이 올랐다. 그녀는 제멋대로
헝클어진 긴 금발머리의 소유자였다. 블루스와 록이 절묘하게 녹아든

그림 93 우드스톡 페스티벌, 1969년 8월 15일

그녀의 노래가 쏟아져 나오면 거의 모든 히피들은 세상의 질서를 부정했고 저항했고 평화를 기원했고 사람을 사랑했다. 제니스 조플린이, 아니 그녀의 헝클어지고 뒤엉킨 긴 금발머리가 노래를 한 것이다. 헤로인 과다복용으로 불과 27세의 나이에 요절했지만, 그녀의 노래는 지금도 지구촌 곳곳에서 흘러나오고 있다.

중남미 카리브 해의 자메이카 출신의 흑인가수가 있었다. 1970년대 레게Reggae 음악으로 세계적인 명성을 얻었던 밥 말리(Bob Marley, 1945~1981)(그림94). 그의 트레이드 마크는 단연코 헤어스타일이었다. 항시 여러 가닥의 머리카락을 가늘게 묶어 곱슬곱슬하게 말은 고유한 헤어스타일을 어깨 밑까지 내려오게 한 채로 무대에 섰다. 사람들은 '레게머리'라고 불렀지만 정확한 명칭은 '드레드락(dreadlocks 또는 드레

드 헤어)'이었다. 드레드락의 특징은 머리카락을 자르지 않고 모양을 연출하는데 있다.

사실 밥 말리의 드레드락은 독특한 믿음이었던 '라스타파리아니즘Rastafar-ianism'에서 유래한 것이다.

그림 94 레게 음악의 전설 밥 말리, 그의 독특한 헤어스타일, 일명 레게 머리

이는 기독교와 아프리카 토속신앙이 하나로 엮인 형태인데, "신체의 소중함과 정신적 자유를 강조"[207]하는 의미를 담고 있다. 밥 말리는 자신의 믿음을 지키고, 이를 통해 자유로움을 노래하기 위해 드레드락 헤어스타일을 유지했던 것이다. 히피는 아니었으나 히피와 닮은 지향점이 있었다.

1960년대 미국의 청년들은 스스럼없이 히피가 되었다. 남녀히피들은 긴 머리를 하고서 기존질서의 모순과 불합리함에 저항과 도전, 그리고 자유로움으로 맞서며 미 대륙을 떠돌아다녔다. 서로 사랑했고, 그 사랑을 노래했다. 히피에게 헤어스타일은 꾸밈과 인위적인 아름다움이 아닌 꾸미지 않음과 자연스러움에 가깝다. 미국의 히피문화는 그 뒤 전 세계로 퍼져나갔고 세월이 지나면서 역사의 뒤안길로 접어들었지만, 히피들이 부르던 노래만큼은 현재까지도 지구촌 곳곳에서 흘러나오고 있다. 긴 머리를 기르고 평화를 외치던 존 레논과 불꽃처럼 살다간 제니스 조플린을 기억하듯이.

39

고데와 장발,
표현과 금지 사이

　　　　　여학생이 고데를! 체포하라! 남학생이 장발을!
머리카락을 잘라라!

　국민들의 헤어스타일에 일일이 관여하던 국가가 있었다. 대한민국
이다. 그 시기는 1950년대에서 1970년대 사이였다. 실제 어떤 내용
의 에피소드들이 있었는지 잠시 그때로 돌아가 보자. 그러나 낭만적
인 노스탤지어라 부르기에는 국가와 사회의 강압적인 그늘이 진하게
드리워진 때이다.

　1954년 12월 30일은 중고등학생 방학기간이었다. 그날 신문에서
는 학생들의 품행을 질타하는 기사가 크게 실렸다. 학생들을 향해 한
심하다고, 학생풍기가 문란하다고 호된 비난을 퍼부었다. 내무부치안
국, 시교육국, 학부모까지 총동원되어 한 목소리로 학생들의 문란함

에 총공세를 펼쳤다. 12월 30일 무슨 일들이 있었던 걸까?

> …내무부치안국에서 전국적인 학생범죄를 집계한 결과… 한 학기
> 동안 배운 것을 정리 복습하고 건전한 의미의 휴양을 도모해야할
> 학생들 중 일부 탈선 학생들의 실태를 살펴보면 아래와 같다… 여
> 학생들은 교복도 안 입고 외출하는 것쯤은 예사이고 머리에 「고데」
> 질을 하고 거리를 자랑스럽다는 듯이 활보하고 있는 것이다… 또는
> 남녀학생이 쌍쌍이 요식점(특히 중국요리집)에 드나들고 있으며…208

여학생들이 머리에 '고데질'을 했다는 대목을 발견할 수 있다. 고데
(kote, 鏝)는 머리 모양을 다듬는 미용기구를 가리키는 일본말로서, 고
데기로 머리를 말았다는 것이다. 1954년 여학생의 고데는 문란과 탈
선을 합친 학생범죄였던 것이다. 여학생 포함 학생범죄를 진압하기
위해, 국가와 사회와 어른들이 전방위적으로 나섰다. 마치 범죄 소탕
령이 내려진 것만 같았다.

> 시교육국측담=문란한 학생풍기는 엄중단속해야 할 것으로… 시경
> 측담=도에 넘친 탈선 학생들에 대하여는 경찰로서도 묵과할 수 없
> 는 일이니… 학부형 이씨담=학부형들도 항시 자녀들의 생활을 감
> 시하고 그릇된 점을 시정해 주어야 할 것이다.209

교육당국은 단속을 하고 경찰은 묵과할 수 없고 부모는 항시 감시
하던 때가, 1954년이었다. 여학생의 머리 모양 만들기는 국가와 사회

의 범죄였다. 그러나 국가와 사회의 폭압이 인간의 자기표현을 향한 욕망을 막을 수 있을까. 1970년대가 되면 머리 모양을 통한 사람들의 자기표현은 더욱 늘어났고, 이에 대한 국가와 사회의 합동 금지작전 역시 강력해졌다. 1972년 10월 3일이었다.

「히피」성 장발족 등 퇴폐풍조 일제단속에 나선 경찰은 단속 3일째 인… 1만2천4백15명을 적발, 이중 21명을 입건하고 8백26명을 즉심에 돌렸으며 14명을 관계부처에 행정처분을 의뢰하는 한편 1만3백29명의 「히피」족에 대해서는 머리를 깎아주었다. 210

경찰이 적발된 장발족의 머리를 깎아주기까지 했다. 이런 과도한 친절만으로는 아쉬웠던 걸까? 아니면 장발족이 국가를 전복한다고 위기위식을 느꼈던 걸까? 국가에서는 장발을 퇴폐로 규정하고는 아예 법을 개정하기에 이른다. 1973년 3월에 경범죄처벌법 개정 시행이 있었다.

경범죄처벌법에는 다음과 같은 조항이 등장한다. "제1조(경범죄의 종류) 49. 성별을 알아볼 수 없을 정도의 장발을 한 남자"는 구류 또는 과료에 처한다. 구체적인 내용들은 어땠을까?

즉결심판에 넘겨지는 경범위반자는 ①2백원~2천원의 과료나… ③ 1일~29일까지의 구류를 받는다. …장발은… 여자의 숏컷을 넘거나 귀를 덮는 정도를 말하고… 72년도의 경우 경찰에 적발된 히피성장발은 31만4천2백91건…211

경범죄처벌법 개정 전인 1972년을 보면 히피성 장발로 불린 장발족이 무려 31만 4천이 넘는 숫자가 경찰에 적발되었다. 당시 표현을 빌리자면 장발족은 반사회적인 인물들이었던 것이다. 장발족은 어떤 이들이었을까?

1970년대 한국사회의 청년들 사이에서는 통기타, 청바지, 미니스커트, 그리고 장발이 일대 유행이었다. 당시의 회고를 들어보자. " … 가장 먼저 떠오르는 것이 장발 단속과 장발이었던 내가 경찰을 피해 도망 다니던 모습이다."[212] 대중가수들은 통기타를 들고 청바지에 장발로 노래를 불렀다. 과연 장발은 어떤 의미였을까? 단순히 젊은 시절의 멋이었을까? 이때는 정치적이나 사회적으로 지독한 암흑기, 이른바 유신독재시기였다. 장발의 대학생들이 대체로 반정부 시위에 참여하는 경우가 많았기 때문에 장발은 일종의 문화적 저항행위로 보였던 것이다.[213] 이러한 이유로 정부에서는 전국적으로 장발단속을 하는 웃지 못할 일이 일어났다.

"장발은 나의 삶의 방식이다. 독재자는 나의 장발을 조발하지만 나의 삶의 방식을 탈취할 수는 없다."[214] 청년들은 자신들의 머리카락을 강제로 깎이는 복종과 모욕을 경험해야 했다. 가수들은 장발로 노래를 하며 독재에 대한 저항과 자유로운 삶에 대한 갈구를 담았을 것이다. 가수들의 장발이 의미하는 바가 이것이 아닐까.

여학생들의 고데, 청년들의 장발은 자기표현의 욕망이었다. 그러나 1950년대, 1970년대 대한민국은 고데와 장발을 용인하지 못했다. 대신 강력한 힘으로 억누르고 짓누르고 금지하는 물리적 폭력을 택

했다. 확실하게 반사회적인 범죄자로 낙인을 찍었다. 국가는 사람들의 가슴팍에 주홍글씨를 새겨버렸다. 누구보다 예민한 자의식을 가졌던 가수들은 참을 수가 없었을 것이다. 국가에 저항할 수 있는 길은, 노래를 부르는 것이었으며 스스로 장발족이 되는 길이었다. 장발족은 자유와 저항을 향한 외침이자 한 편의 시와 같았다.

남아 있는 전통

전통은 오랜 시간의 흐름과 무게 속에서
천천히 바스러진다.
하지만 긴 생명력을 간직한 채
옛 모습을 지키기 위해 애쓰며 살아남기도 하고
새로운 모습으로 탈바꿈하며 현대까지 이어져 오기도 한다.
전통은 시간 속에 녹아 있기에 그 뿌리는 깊고 질기다.

40

아기들은 왜
삭발을 하는 걸까

한국, 몽골, 중국, 인도에는 서로 유사한 풍습 하나가 고대시대 이래 전해진다.

그것은 유아삭발이다. 한국, 몽골, 중국은 동아시아에 속해 있기에 오랫동안 상호교류가 있어 왔고 문화적 친연성 또한 존재하지만, 지리적으로 먼 서아시아에 위치한 인도와 유사한 풍습이 있다는 점은 떨어져나간 퍼즐조각처럼 궁금증을 불러일으킨다. 이들 네 나라 사람들은 언젠가부터 일정한 때가 되면 약속이나 한 듯 아기들의 삭발을 한다. 아기들은 왜 삭발을 하는 걸까?

한국. 아기가 태어난 지 백일이 되는 날, 아기를 위한 상차림을 해 놓고 온 가족들이 한데 모인다. 이때 정화수, 미역국, 흰쌀밥이 각 한 그릇씩 놓인 밥상 세 개를 마련한다. 정성이 깃든 삼인분의 백일 상을 따로 준비하는데 이를 삼신상(三神床)이라 부른다. 시대의 변천에 따라 현재는 보편적인 풍습이 아니다. 백일 상의 전통에서 중요한 숫자가 등장한다. 바로 숫자 '삼(三, 3)'이다. 숫자 삼의 의미는 무속의 신 중 하나인 삼신할미를 가리킨다. 삼신할미는 태어날 아기를 점지해 주고 산모의 출산을 순탄하게 도와주는 역할을 맡는 존재이다. 한번쯤 들어봤을 이 이야기가 면면히 흐르는 전통인 것이다.

부모는 엄마 뱃속에서부터 백일동안 자란 아기의 배냇머리를 깨끗하게 삭발한다. 그런 뒤에 아기는 정성을 다한 삼신상 앞에 앉는다. 온 가족이 건강하게 맞이한 백일을 감사하며 건강과 장수와 복을 기원한다. 이 모든 것이 아기를 태어나게 해준 삼신할미에게 바치는 의례인 것이다. 차이는 있겠으나 여전히 사람들은 각자의 의미를 달아 아기의 배냇머리를 잘라주곤 한다. 현재까지도 제주도 지역에서는 첫돌이 되는 해의 초파일에 아이의 머리카락을 자르는 풍습이 있는데 초파일에 배냇머리를 잘라야 머리가 깨끗하고 탈이 없다고 믿기 때문이다.[215] 이것이 우리에게 남아 있는 전통이다.

몽골. 이곳에서도 아기의 배냇머리를 자르는 풍습이 있다. 대략 3~5세가량의 나이가 되면 마을 사람들 앞에서 배냇머리를 자르는데 사람들은 차례로 아이의 배냇머리를 만지고 이마의 털색과 같은 말을 축하선물로 주기도 한다.[216] 이날만큼은 마을 전체가 함께 아기를 위해 축하를 하며 기꺼이 기쁨을 나눈다. 한국과 몽골의 교류가 천 년을 넘었으며 한국인을 대표하는 혈통이 북방 몽골리안이라는 점을 감안한다면 풍습의 유사성에 대해 조금은 설명이 가능하다.

중국. 매년 음력 2월 2일 중국인들은 각지에서 새해 건강과 장수, 복을 기원하는 행사를 연다. 그중에 유아삭발식이 있다. 음력 2월 2일에 하는 역사적 유래가 있다. 8세기 당나라 시대부터 음력 2월 초하루를 중화절로 부르며 명절로 지켰다. 중화절(中和節)은 농사를 시작하는 날이라는 의미가 담겨 있다.[217] 때로는 춘룡절(春龍節)로 불렀는데 여기에는 이유가 있다. 중국 북방 사람들은 "2월 초이틀에 용이 머리를 틀면 큰 창고는 차고 작은 창고는 넘쳐난다."[218] 믿었기 때문이다. 그래서 음력 2월 2일이 찾아오면, 농사를 시작하는 시기에 맞춰 아기의 머리카락을 삭발하는 것이다. 부모들과 온 마을이 한해 농사가 순조롭기를 비는 한편, 아기가 건강하고 오래오래 무병장수하고 복 받으라는 간절함을 기원했으리라.

인도. 오랜 역사와 다양한 문화를 가진 이곳에도 오랜 전통이 있다. "인도의 아기들은 생후 6개월이 되면 안나 프라아사나anna praasana라는 의식"을 치른다. 이 의식이 끝난 뒤에 부모들은 아기들의 머리카락을 처음으로 자르게 된다. 이때 삭발을 하는데 인도인들은 크나큰 의미부여를 한다. 그래서 인도인들은 "처음으로 자른 아기들의 머리카락을 신에게 재물처럼 바친다." 숭배의식을 행하듯이. 아마도 인도인들은 아기, 맨 처음 또는 최초, 신, 제물을 하나의 연결된 개념으로 받아들였을 것이다. 신성함이라는 의미로.

부모들은 왜 아기들을 삭발해왔던 걸까? 나라와 지역에 상관없이, 부모들은 특정한 기한을 정해놓거나 특별한 날을 기다려왔다. 그때가 오면 엄마의 뱃속에서부터 뿌리처럼 자라온 아기의 머리카락을 삭발한다. 영험한 존재 앞에서, 또는 마을공동체의 사람들 앞에서 새롭게 태어남을 보여주기 위함이었을 것이다. 그래야 건강과 장수와 복을 한 몸에 받을 수 있다고 믿었기 때문이다. 부모의 심정은 어디에서든 크게 다르지 않았던 것이다.

41

여성과
전통

지중해 동쪽 이스라엘, 중국의 남서부. 그곳에 자리한 유대교와 소수민족.

이스라엘에서 종교의 영향력은 가히 절대적이다. 이스라엘의 국교는 유대교인데 수천 년 동안 내려오는 율법을 매우 중요하게 여긴다. 이스라엘 여성들 중 일부는 강력한 전통으로 남은 유대교의 종교적인 율법을 따르며 살아간다. 중국의 55개 소수민족들은 다양한 전통 속에서 제각각 고유한 삶을 이어간다. 그중 남서부 지방 귀주성의 깊은 협곡에는 장각묘족(長角苗族)이 거주한다. 이 소수민족의 여성들 또한 자신들만의 전통을 지키며 지금껏 살아간다. 21세기 유대교, 중국 소수민족에게 전통은 어떤 모습일까?

이스라엘 전체 인구의 10% 정도가 믿는 정통 유대교를 '하레디

Haredi'라고 부른다. 하레디는 유대교에서 가장 근본주의 교파로서 오랜 율법을 고수하며 사회와 거리를 두고 공동체 생활을 한다. 하레디에 속한 여성(그림95)은 두건을 써서 머리카락을 가리고, 목과 팔이 드러나지 않게 검고 긴 옷을 입어야 하는 계율이 있다. 특히 결혼한 여성은 머리를 삭발한 뒤에 가발을 착용하거나 머플러를 쓰고 집안생활을 하거나 외출을 한다. 여름에도 검고 긴 옷을 입어야 한다. 또한 외출할 때는 가발(Sheitel, 쉐이틀)(그림96: 미국 뉴욕주의 판사, 결혼한 하레디 여성으로 쉐이틀을 착용한 모습)을 써야 한다. 이러한 까닭에 이들은

그림 95 하레디에 속한 여성

그림 96 미국 뉴욕주의 판사 레이첼 프리어(Rachel Freier)

일상용 가발, 안식일 가발, 행사용 가발을 따로 소유하고 있다.[219] 여성들은 유대교 고유명절인 부림절(Purim, 퓨림) 행사처럼 공동체의 종교행사에 참석할 때는 반드시 가발을 착용한다.

하레디에 속한 사람들은 공공의례, 공공장소에서 남녀가 분리해 앉을 정도[220]로 극단적인 보수성을 지니고 있다. 이스라엘의 어느 지역의 라디오 방송에서는 청취자 남성들에게 해로운 생각을 야기할 수 있다는 이유로 여성 국회의원이 발언할 때마다 '삐'소리를 내서 음성을 가로막는[221]일까지 벌어지기도 한다. 그 해로운 생각이란 성적인 것을 말한다. 하레디에서는 전통과 율법의 세계를 따르기 위해서 세속적인 삶 자체를 배격하는 것이다. 극단적인 전통을 고수하는 셈이다. 하지만 하레디 공동체도 시대의 변모에 따라 가발이 부유층의 고급품으로 각광받는 추세라고 한다.

하레디 여성들이 가발을 쓰는 현상적인 이유는 단순하다. 결혼한 여성들이 절대 남편 이외의 다른 남성들의 시선을 끌어서는 안 된다고 믿기 때문이다. 시대착오적이고 폭력적으로 보이기까지 하는 이유를 유대인 랍비의 세계에서는 다르게 해석한다. 유대인 네페시Nefesh 공동체의 여성 랍비인 아론 모스Aron Moss[222]는 말한다. 쉐이틀은 여성의 매력과 아름다움을 갖추면서 겸허함을 유지하는 방편이라고. 아름다움과 겸허함을 동시에 추구하는 도구가 가발이라는 것이다.

중국의 소수민족 '장각묘족'[223]에서 '장각(長角)'은 소뿔 모양의 커다란 나무빗을 가리킨다. 장각묘족의 여인들은 2.5~3킬로그램의 나무빗과 3미터 길이의 긴 머리카락을 이용해 가체를 만들어 착용해 왔다. 여인들의 가체는 한눈에 보기에도 거대한 소뿔 모양을 닮아 있다. 소뿔 모양의 거대한 가체. 그들에게는 마을 대대로 내려오는 한 편의 전설이 있다.

까마득히 먼 옛날, 마을 사람들은 전쟁을 피해 숲으로 피신을 했다.

그때 숲 속에 사는 야생의 맹수들로부터 목숨을 지키기 위해 사람들은 소뿔을 머리에 달고 다녔다. 전쟁이 끝나고 세월이 지난 뒤부터, 여성들이 자연스럽게 소뿔 모양의 가체를 하고 다녔다. 사람들 사이에서는 풍습이 생겼다. 소의 머리를 잘라 가체로 만들면 소의 영혼이 죽은 조상을 동쪽으로 잘 모신다는 믿음이었다. 이러한 전통은 소를 숭상하는 토템totem문화의 영향을 살펴볼 수 있는 대목이다.

장각묘족 여인들의 가체는 오래전 조상 때부터 내려오는 머리카락을 실처럼 엮어 만든 것으로, 클수록 더 아름다운 것으로 여긴다. 동서고금을 막론하고 머리 모양의 크기는 아름다움의 원형적인 상징이다. 소뿔 모양 가체의 의미는 두 가지로 나타난다. 하나는, 한해 농사가 순조롭게 이루어져 풍성한 수확을 하는 것이다. 다른 하나는, 가족의 평화로움과 안녕을 기원하는 것이다. 장각묘족의 전통은 여인들의 머리 모양을 통해 전해지고 있는 것이다.

현대사회와 전통은 불협화음으로 마찰음이 일어나기 일쑤이다. 전통은 때로 여성들에게 불편함과 굴레의 악습으로 작용한다. 그러나 전통적인 세계를 고수하며 살아가는 곳은 외부의 시선과 미묘한 차이가 존재한다. 전통이 강물처럼 늘 같은 모습으로 쉼 없이 흘러가기 때문은 아닐까. 그 길고 강인한 전통의 생명력을 이스라엘의 정통 유대교 공동체 하레디에서, 중국의 소수민족 장각묘족의 풍습에서 만날 수 있다. 그들은 전통을 자신의 멋스러움과 아름다움으로 이용하기도 한다. 하레디의 가발, 장각묘족의 소뿔 모양의 가체가 바로 그것이다. 전통은 공동체 삶의 기반에서 접근할 때 고개가 끄덕여진다. 그러나

다양성을 추구하는 현대사회의 가치관과는 커다란 인식의 차이가 존
재한다.

42

근엄한 법정과
분노한 트레비스

　　　　　희고 꼬불꼬불한 가발을 쓴 사람들이 들어온다.
연극무대에 선 배우들 같다.
트레비스 비클은 분노했다.
매그넘을 꺼내 방아쇠를 당겼다.
　영국의 판사, 검사, 변호사는 가발을 착용한 뒤에 법정에 들어선다.
물론 오랜 전통과 관습에 따른 행동이다. 한 편의 연극무대에 등장한
배우 같은 모습, 그 이유는 무엇일까? 트레비스 비클은 닭 벼슬 머리
를 한 채 거울을 쏘아보았다. 대체 그는 누구인가? 또 닭 벼슬 머리를
한 까닭은 무엇일까? 영국 법정의 가발, 트레비스의 독특한 헤어스타
일의 배경에는 오랜 전통의 그림자가 일렁인다.

　영국의 법정에서만 어깨까지 덮는 흰색의 꼬불꼬불한 가발을 쓴 법

관을 볼 수 있는 것은 아니다. 뉴질랜드, 홍콩, 자메이카의 법정에서도 같은 모습을 확인할 수 있다. 이러한 진풍경은 "영국 사법제도의 영향이 강하게 남아 있는 영국의 구 식민지 지역"[224]의 특색이다. 홍콩은 19세기 중반 아편전쟁으로 영국의 식민지가 되고 나서 영국의 법제도가 실시되었다. 이후 1997년 중국에 반환 될 때까지 법정에서 가발을 쓴 법관과 변호사를 볼 수 있었다.

1600년대 후반부터 영국의 법관들은 흰색 가발을 쓰고 재판을 했다.[225] 이들의 가발 착용은 프랑스 왕정에서 대유행한 헤어패션의 영향을 받은 것이었다. 이후 보편적인 풍습으로 굳어져 왔는데, 현재 영국의 법관들은 자신들이 쓴 가발들이 오래되어 낡을수록 좋아한다. 그 이유는 간단하다. 법관으로서 자신들의 경험이 풍부하며 오래되었다는 사실을 나타내는 상징이기 때문이다. 이들이 쓰는 가발은 말총이 소재인데, 말총가발은 "나이와 성 및 인종상의 차이를 감추는 등 법 앞의 평등"[226]을 실현한다는 의미가 더해진다. 영국의 법관들은 법정뿐만 아니라 특별한 의식에서도 가발을 착용한 모습으로 등장한다. 1952년 엘리자베스 2세(Elizabeth Ⅱ, 1926~현재) 영국여왕은 영국군의 한국전 참전을 지속하기 위한 결정을 위해 의회연설에 나섰다. 당시 우리나라 신문[227]은 다음과 같이 전했다. "엘리자베스 여왕은… 보석으로 장식한 귀부인들과 훈장도 찬연(粲然)한 대사들과 가발을 쓴 법관들에게 최초의 의회 개회사를 행하였다"라는 대목이 나온다. 영국 법정에서 가발을 쓴 판사, 검사, 변호사의 모습은 법 앞의 평등과 오랜 경륜과 근엄함의 표시인 것이다.

1976년 제29회 칸 영화제 황금 종려상 수상작은 미국영화 『택시드라이버』였다. 이 영화 속 주인공이 트레비스 비클Travis Bickle)(그림 97: 영화 택시드라이버 로고와 주인공)이다. 1970년대 미국은 베트남전쟁의 패배의 후유증에서 헤어나지 못하고 있었다. 트레비스는 베트남 참전 군인이었다. 전쟁터에서는 영웅이었으나 미국으로 돌아온 그는 전쟁의 후유증으로 불면증에 시달리

그림 97 영화 『택시드라이버』, 영화 속 주인공 트레비스 비클의 모호크족 헤어 스타일, 1976년

는 사회 낙오자로 전락한다. 그런 어느 날, 트레비스는 사회의 부조리한 모습을 보면서 분노한다. 그는 사회의 악을 처단하기로 마음먹는다. 대통령 후보 암살이다. 그런 트레비스가 거울을 보면서 자신의 머리카락 가운데 일부만 남긴 채 모조리 면도한다. 기괴한 닭 벼슬 머리를 한 것이다. 1977년 AFP통신의 기사에서는 당시를 이렇게 다루고 있다. "기성체제에 항거하며 좌절과 증오를 추구하는 듯한 이들「펑크족」은 사회에 환멸을 느끼고 분노에 차"[228] 있었다라고. 트레비스를 두고 하는 말이다.

그런데 영화를 보던 관객들을 충격에 빠뜨린 이 머리 모양은 아메리카 원주민인 모호크족mohawk 헤어스타일에서 왔다. 영국에서는 모호크족을 모히칸 또는 모위mowie라고도 부른다. 모호크족 헤어스타일은 1980년대에 이르면 펑크족 스타일로 진화하며 이른바 펑크문화

를 대표하는 아이콘이 된다. 펑크문화punk subculture는 기성세대와 사회에 대한 저항으로 집약된다. 베트남 참전 군인 트레비스는 모호크족 헤어스타일을 통해 기존 사회와 문화에 대한 저항의 정신을 표출했던 것이다. 1970년대 미국은 좌절과 패배와 환멸과 분노의 시기였다. 트레비스는 자신들의 선조가 부정한 아메리카 원주민의 전통을 정면으로 불러온 것이다.

전통의 모습은 두 가지로 나뉘기도 한다. 하나는 영국 법정의 광경처럼 전통의 모습을 그대로 간직하고 유지하는 데서 의미를 찾는다. 다른 하나는 영화 속 트레비스처럼 세상의 부조리에 대한 저항과 쟁투를 위해 전통을 강조한다. 근엄한 법정의 법관과 용맹스런 아메리카 원주민 전사. 무척이나 대조적인 모습이다. 이것이 현대사회에 남아 있는, 유유히 흐르는 전통의 서로 다른 얼굴이다.

대중문화의 아이콘

20세기는 대중문화의 시대였다.
영화, 드라마, 대중음악, 뮤지컬, 그래픽 노블, 팝아트 등
다양한 장르에서 수많은 스타와 아이콘들이 명멸해 갔다.
여전히 변함없이 폭넓은 인기를 누리는 존재도 있다.
아이콘은 예술가이기도, 가수이기도, 영화 속 캐릭터이기도 했다.
때로는 전혀 뜻밖의 인물이기도 했다.
아이콘은 대체 어떤 존재인가.

43

시대를 풍미한
아이콘

헵번, 재키, 마돈나, 그리고 섹스 앤 더 시티의 주인공들. 한 시대를 풍미하며 세상의 시선을 장악한 여성들이 존재했다. 이들은 독창적인 스타일의 아이콘icon이었다.

1950년, 60년대 전 세계 패션계와 대중문화는 물론 사회적으로 화려한 스포트라이트를 받던 두 여성이 있었다. 외모, 직업은 서로 달랐지만 만인의 연인이었던 것만은 같았다. 이들은 공교롭게도 같은 해에 태어나 1년의 간격을 두고 세상을 떠났다. 두 여성은 세상에 자신들의 이름이 붙은 스타일을 남겼다. 그것은 헵번스타일과 재키스타일이었다.

오드리 캐슬린 러스턴Audrey Kathleen Ruston은 1953년 단 한편의 영화로 세계적인 스타가 된다. 영화의 제목은『로마의 휴일』. 영화에 출연할 때 이름은 오드리 헵번(Audrey Hepburn, 1929~1993)(그림98)이었다. 영화 속 그녀의 헤어스타일은 청순하고 귀여운 여배우의 외모를 한층 빛나게 했다. 그녀가 『로마의 휴일』에서 선보였던 단발머리 헵번스타일Hepburn Style로 전 세계적인 대유행을 불러일으켰다.[229] 헵번스타일은 국어사전에도 등재되어 있을 정도로 그 고유함을 인정받았다.

그림 98 오드리 헵번, 1956년

유심히 보면 헵번스타일은 짧게 자른 커트머리에 불과하다. 그러나 1950, 60년대 숏 컷short cut은 오드리 헵번 같은 큐티즘(Cultism: 귀여움)을 상징했다.[230] 헵번스타일이 한국에서도 여성들 사이에서 큰 인기였음을 보여주는 흥미로운 신문기사가 있다. 1958년도 한 해를 마감하며 나온 내용으로 제목은 "새해에는 더욱 아름답게 누구나 할 수 있는 열 가지 조건"[231]이다. 그중 "머리의 모양"이라는 소제목의 내용이다.

"젊은 여성들은 〈헵번‧스타일〉도 좋으나 나이가 먹은 여성은 자기 자신에 어울리는 스타일을 선택하도록 노력합시다. 〈헵번‧스타일〉이 유행이라고 너도나도 덮어놓고 〈헵번‧스타일〉로 〈숏칼트〉하면 어떤 여성에게는 그것처럼 보기 흉한 것은 없습니다." 한국전쟁의 상흔이 채 가시지 않은 사회 분위기였지만, 헵번스타일은 여성들 사이에 큰 유행을 불러 모았던 것을 알 수 있다. 나이에 따른 헤어스타일

그림 99 재클린 케네디 오나시스, 인도 타지마할묘당, 1962년 3월

그림 100 재클린 케네디 오나시스, 백악관, 1962년 4월

선택을 권장하는 관점에서, '나잇값'이라는 한국사회의 통념을 읽을 수 있다. 그렇다 하더라도, 헵번스타일에 대한 여성들의 뜨거운 열망을 가로막을 수는 없었을 것이다.

한때는 미국 대통령 존 F. 케네디(John F. Kennedy)의 퍼스트 레이디였고, 대통령 사후에는 그리스의 전설적인 선박왕 아리스토틀 오나시스Aristotle Onassis의 부인이었던 여인. 그 뒤에는 출판계의 성공한 워킹우먼이었던 재클린 케네디 오나시스(Jacqueline Kennedy Onassis, 1929~1994)(그림99)(그림100). 그녀의 이름처럼 그녀를 지칭하는 수식어도 길었지만 사람들은 그녀가 사망할 때까지 '재키'라는 애칭으로 불렀다.

케네디와 결혼한 이후 재클린은 오드리 헵번의 영향을 받아 짧은 커트의 헤어스타일232을 즐겨 했다. 그녀는 갈색 머리카락에 사각형의 얼굴을 지녔으며 특출한 외모의 소유자가 아니었음에도 뛰어난 패션 감각으로 자신만의 스타일을 구축해 나갔다. 대통령의 퍼스트레이디가 되고부터는 볼륨 스타일의 머리를 하면서 재키 스타일이 완성되었다. 1960년대 미국에서는 정수리 머리를 끌어올려 잔뜩 부풀린 부팡Bouffant 헤어스타일이 선풍적인 인기를 끌었는데, 깊고 풍성한 머리카락을 지닌 재클린에게는 제격이었다. 케네디 대통령 사망 후 재클린은 오나시스와 재혼을 하며 재클린 케네디 오나시스로 극적인 변신을 한다. 재클린는 영국의 파이돈 출판사가 선정한 20세기 패션 아이콘 20인으로 선정되었는데, "귀부인 같으나 젊은 활력이 넘치는, 포멀formal한 동시에 극히 패셔너블fashionable하다는[233]" 극찬을 아끼지 않았다.

팝 음악 사상 '가장 위대한' 이라는 수식어가 결코 어색하지 않은 아티스트. 1980, 90년대 대중문화를 집어삼킨 최고의 슈퍼스타가 있다. 마돈나 루이즈 치코니(Madonna Louise Ciccone, 1958~현재), 바로 그 유명한 팝 가수 마돈나다. 그녀의 이미지는 성적인 매력, 도발적인 자태로 연상된다. 마돈나는 팝 가수로서 앨범과 라이브 무대는 물론 영화배우로서 자신의 매력을 발산했다. 또한 음반제작자와 『영국의 장미들』외 여러 편의 동화를 쓴 작가로서 독특한 모습을 지니고 있다. 이렇듯 다채로운 색깔을 지닌 엔터테이너이지만 일정하게 유지하는 모습도 있다. 마돈나의 머리 모양, 헝클어진 헤어스타일이다. 1984년《Like a Virgin》, 1998년《Ray of Light》등 마돈나의 앨범자켓(그림 101: 1987년 Who's That Girl World Tour, 그림102: 2008년 Miles Away Sticky & Sweet Tour)에서 확인할 수 있다. 마돈나의 헝클어진 헤어스타일은,

그림 101 Who's That Girl World Tour, 마돈나, 1987년

그림 102 Miles Away Sticky & Sweet Tour, 마돈나, 2008년

관중의 눈길을 사로잡는 도발과 유혹의 그림자가 강렬하게 드리워져 있다.

1990년대 말에서 2000년대 초반, 전 세계 대중의 시선은 뉴욕에 꽂혀 있었다. 거대 도시 뉴욕을 배경으로 하는 드라마 『섹스 앤 더 시티Sex and the City』 속 전문직 싱글 여성 네 명의 삶에 매료되었기 때문이다. 뉴욕은 섹스 앤 더 시티였다. 캐리, 샬롯, 사만다, 미란다. 이들의 헤어스타일은 캐릭터에 맞춰 개성이 넘쳤다. 캐리는 길고 웨이브가 강한 헤어로, 샬롯은 갈색톤으로 어깨까지 내려오는 헤어로, 사만다는 금발의 헤어로, 미란다는 단발로 등장해서, 세상의 시선을 끌어당겼다. 네 여성의 헤어는 초절정의 유혹이었고 전 세계는 기꺼이 섹스 앤 더 시티가 되었다.

1950, 60년대 오드리 헵번과 재클린 케네디 오나시스. 이 두 여성은 지금껏 한 시대의 아름다운 아이콘으로 빛나고 있다. 수많은 헤어스타일이 일

시적인 유행을 끝으로 희미해져 갔지만 헵번과 재클린에게는 예외인 듯싶다. 오드리 헵번의 짧은 커트 머리, 재클린 케네디 오나시스의 볼륨 머리 모두 '기품과 우아함'을 물씬 풍기고 있다. 그 느낌이 대중에게는 매력적으로 각인된 것은 아니었을까. 오드리 헵번이『로마의 휴일』에서 맡은 역할은 공주였다. 재클린 케네디 오나시스는 대통령의 퍼스트레이디였다. 두 여성이 기품과 우아함의 대명사, 패션의 아이콘이 된 것은 우연이 아니었다.

1980, 90년대 마돈나. 그녀의 노래와 춤과 무대는 언제나 도발하는 분위기로 넘쳐흘렀다. 헝클어진 머리가 더해져 도발의 강도는 세졌고, 유혹의 파장은 길었고, 그 진폭은 커졌다. 그것이 마돈나의 긴 생명력이었다.

2000년대 섹스 앤 더 시티의 네 주인공들. 그녀들은 발랄했고, 감성이 풍부했고, 실용적이었고, 화끈하고 대담했다. 그녀들의 헤어를 보면 알 수가 있다. 느껴진다.

44

인형의 세계에
오신 것을 환영합니다

우리가 잘 아는, 정작 잘 모르는
인형들의 가족관계 이야기.
그 안에 담긴 비밀 몇 가지.

미국 위스콘신주 윌로우에 금발머리에 푸른 눈을 지닌 여고생, 부
모님, 여동생 스키퍼, 남동생 투디, 남자친구 캔이 거주하고 있다. 여
고생의 이름은 바바라 밀리센트 로버츠Barbara Millicent Roberts. 하지만
지금 소개한 이 여고생은 실존 인물이 아니다. 그 유명한 바비인형
Barbie doll(그림103,104)을 말한 것이다. 1959년 태어난 이래 전 세계 어
린이와 어른의 사랑까지 받아온 바비. 더 나아가 전 세계적으로 열광
적인 바비 수집가들까지 존재할 정도이니 이만한 유명세를 치른 인
형이 또 있을까 싶을 정도다. 그런데 금발머리 바비의 진짜 부모는 누

구일까? 세상을 움직인 이 인형의 창시자는 루스 핸들러(Ruth Handler, 1919~2002), 엘리엇 핸들러(Elliot Handler, 1916~2011) 부부다.

핸들러 부부에게는 딸 바바라가 있었다. 어느 날, 어린 바바라가 종이 인형을 가지고 노는 모습을 우연찮게 보았던 모양이다. 그런데 이들 부부는 딸의 놀이에서 단순히 아이의 재밌는 놀이가 아닌 어른들의 행동 모방을 본 것이다. 아이들은 부모나 교사의 말투와 행동을 그대

그림 103 , 그림 104 다양한 얼굴의 바비인형

로 흉내 내며 사회화를 경험하곤 한다. 이때 어린 바바라에게 나타난 모습 또한 이와 같았을 것이다. 핸들러 부부는 딸에게서 아이디어를 얻었던 것으로 보인다. 무엇보다 핸들러 부부에게 바비에 대한 결정적인 아이디어는 독일여행에서 본 성인용 인형 '빌드 릴리Bild Lili'였다고 한다. 그렇게 바비가 상품으로 출시되었지만 처음에는 언론으로부터 "장난감 세계의 실수"[234]라는 비아냥거림을 받아야 했다. 그도 그럴 것이, 바비의 신체 때문이다.

바비는 아이들의 장난감으로 보기에는 파격적인 면이 강하다. 여자아이의 외모가 아니라 20대 여성의 외모를 지녔기 때문이다. 바비는

늘씬한 키, 풍성한 금발, 잘록한 허리, 볼륨 있는 가슴, 선명한 이목구비를 지니고 있다. 그래서 바비를 전형적인 미국 백인미인으로 부른다. 게다가 헐리웃의 배우를 연상케 하는 외모다. "인간으로 환산하면 가슴 36, 허리 18, 엉덩이 33인치라는 과한 굴곡의 몸매를"[235] 가졌기 때문이다. 이러한 점 때문에 때로 바비는 여성의 외모를 상품화한다는 비난을 받기도 해왔으며 타당한 지적이기도 하다. 하지만 아이들에게는 동화 속 환상을 보여준다는 커다란 강점이 있다. 그것이 바비의 매력이자 오랫동안 아이콘으로 남게 된 이유이기도 하다. 물론 바비의 최초 모습은 현재보다는 덜 예쁘고 덜 세련되었다. 하지만 바비의 속성은 오래토록 변함이 없었다. 핸들러 부부가 보여준 인형의 파격성, 환상성이 시대를 앞서간 것이었다.

바비가 처음 태어났을 때는 어린 여자아이들의 장난감이었다. 그러나 이제는 누구도 어린 아이들의 전유물로 여기지 않는다. 여자 아이들의, 어른들의 아름다움에 대한 욕망과 환상을 재현시켜주기 때문이다. 바비는 오히려 TV, 영화, 잡지 같은 미디어를 통해 끊임없이 다채로운 모습으로 변신하며 대중문화의 아이콘으로 오랫동안 자리하고 있다. 핸들러 부부는 아이들의 인형이 아니라 대중문화의 상징이자 이상적인 외모의 미국미인을 창조한 것이다. 시대가 변모함에 따라 흑발이나 갈색머리 바비가 등장했다. 하지만 수많은 대중들은 앞으로도 기원할 것이다. 언제나 똑같은 모습으로 있어주기를. 어린 시절에 본 것처럼 바비의 금발머리를 세월이 지나도 볼 수 있기를.

"너 아기였을 때 다리 밑에서 주워왔지."

예전 한국의 부모들이 어린 자녀들을 놀려줄 때 하던 우스갯소리다. 『생각의 지도』[236]에 따르면, 동양인과 서양인은 세상을 바라보고 인식하는 차이가 분명하다는 사실이 드러난다. 재미있게도 미국의 부모들 역시 한국의 부모들과 비슷한 농담을 하곤 했다. "너 아기였을 때 양배추 밭에서 주워왔는데." 이 말을 유심히 새겨들은 자비에르 로버츠(Xavier Roberts, 1955~현재)라는 호기심 많은 20대 대학생이 있었다. 1978년 자비에르가 세상에 내놓은 것이 '양배추 인형'이었다. 정확한 이름은 양배추 밭 아이들Cabbage Patch Kids. 호빵같이 동글동글한 얼굴, 가운데로 몰린 작은 두 눈과 코, 입, 땅딸만한 키. 그간 볼 수 없던 새로운 형상의 인형이었는데 1980년대 미국을 비롯해 전 세계 아기들과 아이들의 마음을 빼앗은 놀라운 스타이자 최고의 친구로 사랑을 독차지했다. 제조회사에서 "인형을 입양하세요!"라는 광고를 하면서 더더욱 폭발적인 인기를 얻었다. 미국의 "어떤 소매점에서는 자녀들을 위해 필사적으로 인형을 사려는 어른들 사이에서 거의 폭동에 가까운 사태가"[237] 발생하기도 했다. 폭동이라 해야 할지, 소동이라 해야 할지, 영화 속 장면 같은 일들이 벌어진 것이다. 당시 한국의 신문에서는 양배추 인형 때문에 유행성 열병을 앓고 있다는 내용을 심각하게 다루기도 했다.

> 같은 크기의 다른 봉제인형이 4천원 내지 5천원하는데 비해 양배추인형은 2만원. 엄청나게 값이 비싼 편인데도 물건을 갖다놓기가 무섭게 매진됐다. 어떤 주부는 아예 10만원의 선금을 맡겨놓고 며칠 후에 인형 5개를 한꺼번에 찾아 가기도 했다.[238]

전 세계를 뒤흔든 이 양배추 인형의 큰 매력을 짚는다면 단연코 헤어스타일이다. 마치 라면 면발을 뒤집어 쓴 듯한 뽀글뽀글한 스타일. 바로 '뽀글이 파마머리'다. 우리나라에서는 어머니, 할머니가 널리 애용하던 '국민 아줌마 파마' 헤어스타일과 판박이처럼 닮은꼴이다. 양배추 인형이 특히 미국에서 큰 인기를 누린 데는 '추억'과 '친근함'이라는 요소가 작용했을 것이다. 어린 시절 늘 들어왔던 양배추 아기에 대한 추억에 뽀글이 파머머리가 주는 친근함이 더해지면서 상상을 초월하는 사랑을 받았을 것이다. 우리나라에서도 뽀글이 파머머리를 한 양배추 인형은 늘 보던 아줌마 파마, 엄마의 파마와 닮았기에 특별한 스타가 되지 않았을까.

1959년에 태어난 바비. 1978년에 태어난 양배추 인형. 세월이 지나고 나이를 먹어도 사람들의 기억 속에서 엊그제 마냥 새록새록하다. 바비의 금발머리결, 양배추 인형의 뽀글이 파마는 그 기억을 구성하는 가장 강력한 요소일 것이다. 인형의 세계는 우리를 기다리고 있다. 늘, 영원히.

45

노스탤지어,
소설과 만화 속 주인공들

제인 에어를, 작은 아씨들을, 빨간 머리 앤을, 말괄량이 삐삐를 떠올리면 이 소설들과 영화와 드라마에 얽힌 오래된 장면들이 아련하게 보이곤 한다. 딱따구리와 심슨은 또 어떤가. 일순간 캐릭터들의 이미지가 조각조각 섬광처럼 스치곤 한다.

그 무수한 조각들 중에 하나가 주인공들의 머리 모양과 머리색깔이다. 거기에는 어떤 이야기들이 꿈틀거리고 있을까.

어려서 부모를 잃은 제인 에어는 외숙부 집에 살다가 고아를 위한 자선학교로 쫓겨난다. 로우드 기숙학교. 그러나 억압적이고, 위선적이고, 끔찍한 곳이었다. 길게 땋은 머리는 안 된다고, 곱슬곱슬 지진 머리는 불가하다고, 학교 교장이 강조한다. 어느 날 제인 에어는 진심을 나눈 친구 헬렌에게 닥친 불행을 목격한다. 학교 교장이 헬렌의 붉은 곱슬머리를 보더니 흥분하며 설교한다.

"허영심은 억제되어야 하고, 학교에서는 본성을 교화시켜야 한다!"

급기야 학교 교장은 학생들과 선생님 앞에서 교칙을 내세우며 헬렌의 붉은 곱슬머리를 잘라버린다. 제인 에어는 이에 저항하며 자신의 긴 머리를 자르라고 당당히 맞선다. 친구를 위해서. 제인 에어가 살던 영국 빅토리아 여왕 시기에, 긴 머리카락은 곧 허영심의 표현이었던 것이다. 그래서 종교와 학교라는 두터운 제도를 통해서 규제를 했다. 헬렌과 제인 에어가 눈빛으로 서로 공감하며 우정을 나눌 때, 둘의 긴 머리카락이 잘려나갈 때, 독자들은 함께 안쓰러워했고 슬퍼했고 화가 났다. 샬롯 브론테(Charlotte Brontë, 1816~1855)는 자신의 어린 날을 피폐하게 만든 경험담을 녹여, 1847년 소설『제인 에어』를 완성한다. 제인 에어와 그에 반영된 샬롯 브론테의 삶은 그렇게 노스탤지어가 되었다.

"조!", "메그!", "베스!", "에이미!"

루이자 메이 올컷(Louisa May Alcott, 1832~1888)은 자신의 가족 이야기에 상상을 담아 1868년 소설『작은 아씨들』로 발표한다. 엄마와 네 명의 딸(조세핀 조 마치, 마가렛 메그 마치, 엘리자베스 베스 마치, 에이미 커티스 마치)이 사랑하는 아빠가 부재하는 동안 인생을 배우며 여성과 인간으로서 성장해 나간다.

이야기 초반에, 조가 무도회에 가는 큰 언니 메그에게 머리 모양을 만들어주는 대목이 나온다.

그림 105 1860년대 미국에서 유행하던 고수머리 헤어스타일과 의상

"이제 종이를 벗기면 예쁘게 말린 고수머리를 보게 될 거야."

조가 부젓가락을 내려놓으며 말했다. 그러나 종이를 벗겨 내자 또
르르 말린 고수머리 대신 종이에 눌어붙은 머리카락이 나왔다⋯

"어머나! 대체 무슨 짓을 한 거니, 너? 너 땜에 망했잖아! 이 꼴을
하고 어떻게 무도회에 가니? 내 머리, 내 머리 물어내."[239]

조가 메그의 머리 모양을 고수머리 스타일로 하려다가 실패하는 장
면이다. 고수머리는 1860년대(그림105) 인기가 많았다. 여성들은 "유
행을 쫓아 곱슬곱슬한 머리를 만들기 위해"[240] 조가 부젓가락을 이용
하듯이 노력을 기울였다. 메그의 고수머리는 무도회에 참여한 일원이

되었다는 증표이자 타인의 시선에 대한 응답이었다.

『빨간 머리 앤』의 앤, 『말괄량이 삐삐(영어제목은 『Pippi Longstocking』이
다)』의 삐삐, 만화 『딱따구리(원제는 『Woody Woodpecker』이다)』(그림106: 딱
따구리와 원작자 월터 랜츠(Walter Lantz, 1899~1994)) 많은 이들의 추억의
한가운데에 자리한 앤, 삐삐, 딱따구리는 하나같이 빨간색 머리를 하
고 있다. 세 주인공의 특징을 살펴보면 빨간색의 의미를 조금은 짐작
할 수 있다.

루시 모드 몽고메리가 묘사한 앤은 엉뚱하고, 가식과는 거리가 멀
고, 긍정으로 가득한 소녀다. 아스트리드 린드그렌(Astrid Anna Emilia
Lindgren, 1907~2002)이 쓰고, 잉그리드 팡 니만(Ingrid Vang-Nyman,
1916~1959)이 일러스트로 세상에 탄생시킨 삐삐 Pippi(그림107, 그림108:
1972년 네덜란드 암스테르담에서, 드라마 말괄량이 삐삐의 주인공 잉거 닐슨
Inger Nilsson)의 모습은 어떤가. 권위적이며 힘을 남용하는 어른에 맞서

싸우고, 어떤 힘겨움이 있어
도 굴복하거나 슬퍼하지 않
고, 항시 웃음이 입가에 머
무는 주근깨 소녀다. 월터
랜츠가 그린 딱따구리는, 뭐
든지 엉망진창 쑥대밭으로
만들어버리는 캐릭터다. 유
럽이나 미국에서 빨간 머리
는 흔히 말괄량이, 말썽꾸러
기를 가리켰다. 1960년대는
저항의 의미라는 상징성을
띠었는데 색채심리학에서
는 빨간색에 저항이 내재되
어 있다고 해석한다. 앤, 삐
삐, 딱따구리가 모두 저항하
는 캐릭터라고 보긴 어렵지

그림 107 , 그림 108 드라마 『말괄량이 삐삐』의 주
인공 잉거 닐슨, 네덜란드 암스테르담, 1972년

만 어딘가 반골기질이 있어 보이긴 하다.

맷 그레이닝(Matt Groening, 1954~현재), 그는 『심슨가족』(그림109)이
라는 너무도 유명한 만화와 애니메이션 캐릭터를 디자인하고 창조한
만화가이다. 심슨 가족의 주인공은 호머 심슨Homer Simpson인데, 그에
게는 마지 심슨이라는 아내가 있다. 헌신적이고 용기 넘치는 마지 심
슨Marjorie Simpson, 그녀의 헤어스타일 또한 기괴하기로 치자면 타의

추종을 불허한다. 하늘로 높게 치솟은 머리 모양으로, 변함없는 푸른색이다. 언뜻 17, 18세기 유럽의 퐁탕주 스타일을 닮은 듯도 하고, 길쭉한 오이를 닮은 듯도 하다. 하지만

그림 109 TV애니메이션 『심슨가족』의 캐릭터

그보다는 어떤 빌딩을 연상케 한다.

미국 시카고에는 마리나시티 빌딩Marina City이 있다. 옥수수빌딩이라는 이름으로 더 알려져 있는데, 일직선으로 길게 뻗으면서 약간 울퉁불퉁한 모양이, 마지 심슨의 헤어스타일과 무척 유사해 보인다. 어느 면으로 보나 맷 그레이닝의 상상력으로 만든 마지 심슨의 헤어스타일은 가히 독보적이다.

맷 그레이닝의 손에서 탄생한 기괴한 헤어스타일. 분명 마지 심슨의 헤어스타일은 예쁘고, 아름답고, 우아하고… 그러한 보편적인 미의 기준에서 멀리 벗어나 있다. 마지 심슨의 개성만족 헤어스타일은 맷 그레이닝의 자유분방한 만화적 상상력이 있었기에 가능했다. 이들은 기괴함이 새로운 헤어스타일이 될 수 있음을 시각적으로 보여주었다. 그 기괴함으로 대중의 시선을 감싸서 묶어버렸다.

많은 이들이 좋아했던 소설과 만화는 세월이 쌓이면 지난날의 시간으로 되돌려주는 노스텔지어가 되기 마련이다. 그런데 이야기의 줄기

는 차츰 희미해져 간다. 주인공들이 속속들이 무엇을 했는지, 시작과 결말이 어떻게 됐는지 불투명해지고 여러 장면들이 뒤섞인다. 대신 주인공들의 모습이나 이미지들이 머릿속 어딘가에 작은 조각이나 알갱이로 있다가 불쑥 튀어오른다. 어찌 보면 우리의 노스탤지어를 구성하는 요소는, 주인공들의 이야기가 아니라 주인공들의 모습과 어떤 이미지들인지 모른다. 머리카락과 머리카락의 색깔 같은 것들 말이다.

에필로그

머리카락의
진화

> 감미로운 행복감이 나를 엄습해와, 어찌 된 영문인지 나를 고립시켜
> 버렸다. 도대체 이 극도의 희열감은 어디서 온단 말인가?
>
> —마르셀 프루스트Marcel Proust, 『잃어버린 시간을 찾아서』

머리카락에서 헤어웨어까지

인간에게 머리카락은 어떤 의미였을까?

엄밀히 머리카락 그 자체만으로 의미와 가치, 개념이 파생되지는 않
는다. 머리카락에 인간의 노력과 열정과 욕망을 가열하면 머리 모양
이 만들어지고, 그런 뒤에 하나의 스타일로 완성되어 세상의 무대 위
에 나타날 때 비로소 의미가 생긴다. 그래서일까. 머리카락에 복잡하

게 얽히고설킨 스토리는 참으로 특이하고 다채롭다. 다차원적이기까지 하다. 그동안 고대그리스신화에서 시작하여 20세기 후반까지 인류의 문화사에 새겨진 머리카락의 향연을 찾아 떠났던 긴 여정을 마치고 다시 돌아왔다.

아주 먼 옛날 고대시대에 머리카락은 신화와 전설의 세계에 속했다. 그 안에서 머리카락은 때로는 절대자만이 소유한 신성불가침의 영역을 상징했으며, 주술을 나타냈고 신비로움과 마법의 도구였다. 마을에 떠도는 민담 속에 등장하는 기이함이었다. 그뿐만 아니라 머리카락은 저주와 과시의 매개물이기도 했다. 영웅은 잘려나간 머리카락 앞에서 절규했고, 천하의 미인은 저주받은 머리카락 앞에서 독을 품은 마녀로 변신했다. 머리카락은 궁궐의 치정극에도 서슴없이 등장했다. 머리카락은 대문호의 소설과 고전 동화에도 그 정체를 드러내며 수많은 독자들을 유혹했다. 전설 속 여인들의 머리카락은 대작곡가에게 영감을 선사하여 명곡의 모태가 되었다.

중세시대, 머리카락은 혁명과 열정의 표현이었다. 정치인들은 혁명을 꿈꾸며 하나 되는 일체감을 동일한 머리 모양으로 보여주었다. 귀족의 여인들은 하늘 높이 치솟은 과장된 머리 모양으로 자신의 고귀한 신분을 나타냈고 뭇 남성들을 매료시켰다. 동서양의 위대한 황제들은 정사를 돌보는 한편, 시대를 앞서 간 패션감각으로 가발을 쓰고 위엄을 뽐냈다. 화려한 가발은 사치를 불러옴과 동시에 원망과 지탄으로 되돌아왔다. 그러나 혁명가들에게는 자유로운 멋을 보여주기 위함이었다.

인위적으로 만든 머리 모양이 하나의 헤어스타일로 자리를 잡자 여인들은 너나 할 것 없이 모방했다. 사치가 심해지자 동양의 왕과 서양의 의회까지 나서서 금지령을 내려야만 할 정도였다. 자신의 신분을 영원히 간직하기 위해 풍성하고 화려한 머리 모양을 한 채 무덤 속까지 들어갔고, 훗날 미라의 모습으로 되살아났다. 그것은 영원불멸을 향한 인간의 근원적 속성이었다.

현대에 들어서면서 머리카락은 완전한 헤어스타일로 변신했다. 신성한 법정과 종교의 율법, 마을의 관습을 강조하기 위해 여전히 독특한 모습을 한 과거의 전통적인 헤어스타일도 공존한다. 그러나 대중문화 스타들의 등장과 함께 헤어스타일이 전면에 부각되면서, 상상력을 발휘한 다양한 모습으로 선보였다. 헤어스타일은 저항과 반항이라는 시대정신을 대변했는데, 전사와 투사의 노래 그 자체였다. 또한 헤어스타일은 여성해방의 신호탄을 알렸다.

이처럼 헤어스타일은 시대의 흐름 속에서 커다란 변모를 거듭하지만 빛을 잃지 않는 속성이 있었다. 그것은 타인의 은밀한 시선을 강탈하는 치명적인 유혹이었다. 여인들의 헤어스타일은 황금빛 독소를 풍기며 아름다움을 그대로 드러냈다. 그 황금빛 독은 절대 거절할 수 없는 매력이었다. 그래서 헤어스타일은 여성과 남성의 경계를 넘어섰으며, 특정한 직업과 문화의 전유물이 아니라 인간 공통의 소유물로 자리 잡았다.

머리카락을 향한 인간의 욕망은 미래에 어떻게 흘러갈까?
답은 오래된 과거에 존재해왔다. 머리카락은 인류에게 의복이었다.

복식사에서 연구하는 복식에는 의복, 신발, 분장, 가발, 헤어스타일이 포함되어 왔다. 미래의 머리카락 역시 의복인 것이다.

다시 말해 헤어웨어HairWear가 보편적인 패션의 장르로 정착될 것이다. 생물학적인 머리카락에서, 사람의 손길로 치장된 머리 모양과 헤어스타일로, 그리고 옷의 형태로 한 차원 더 진화한다는 의미다. 지금과는 전혀 다른 새로운 형태와 속성으로 또다시 변신할 것이다. 은밀히 감추던 속옷이 이너웨어, 언더웨어로 바뀌면서 이제는 드러내는 패션의 장르가 된 것과 같은 이치다. 시간이 지나면서 사회에서 공유하는 용어로 자연스럽게 통용되고 있다. 헤어웨어는 생소한 느낌을 주는 용어이다. 그러나 오래된 과거에도 존재했으며, 다가올 미래에도 존재할 것이다. 인간의 마음을 구성하는 성분이 있다면 욕망과 매혹일 것이다. 이 성분은 분해되거나 풍화되거나 소멸되지 않은 채, 끊임없이 새로운 얼굴로 치장하며 이어질 것이다. 영원히 꺼지지 않는 불멸의 불꽃으로 인간 내면에서 숨을 쉬고 있을 것이다. 윌리엄 깁슨의 통찰처럼, 헤어웨어는 이미 도착한 미래이다.

미래는 이미 와 있다. 고루 퍼져 있지 않았을 뿐이다.

The future is already here—it's just not very evenly distributed.

—윌리엄 깁슨 William Gibson

참고도서

도서

고바야시 다다시, 『우키요에의 美』 이다미디어 2004

『개역 성경』

국립민속박물관 『엽서 속의 기생읽기』 민속원 2009

김병곤, 『영국혁명에 있어 정치와 종교의 문제』 정치사상연구 2000

김상규, 『우리말에 빠지다』 젠북 2007

김용준, 『새 近園隨筆』 열화당 2009

김영기, 『역사 속으로 떠나는 배낭여행』 북코리아 2005

김영명, 『좌우파가 논쟁하는 대한민국사 62』 위즈덤하우스 2008

김태경, 『에디터 T의 스타일 사전』 삼성출판사 2008

귀스타브 르 봉, 『군중심리』 이레미디어 2008

그림형제, 『그림 동화집 1』 펭귄클래식코리아 2011

나카노 교코, 『잔혹한 왕과 가련한 왕비』 이봄 2013

댄 버스틴, 『다빈치 코드의 비밀』 루비박스 2005

The Economist 『글로벌 CEO 132인』 남편과 원숭이 2008

데 체렌소드놈, 『몽골의 설화』 문학과지성사 2007

랜디 체르베니, 『날씨와 역사』 반디출판사 2011

로마 포맨, 『클레오파트라 2000년만의 출현』 효형출판 1999

로저 스크러튼, 『아름다움』 미진사 2013

로저 에버트, 『위대한 영화 1』 을유문화사 2006

로사 조르지, 『카라바조: 빛과 어둠의 대가』 마로니에북스 2008

루이자 메이 올컷, 『작은 아씨들』 창작시대 2006

루시 모드 몽고메리, 『빨간 머리 앤』 시공주니어 2015

마이클 베이전트, 『성혈과 성배』 자음과 모음 2005

마르탱 모네스티에, 『자살백과』 새움 2008

Martin Bakers 외, Life in the Middle Ages. Independently Published 2019

막스 폰 뵌, 『패션의 역사1, 2』 한길아트 2000

매트 리들리, 『붉은 여왕』 김영사 2006

멍펑싱, 『중국을 말하다 14. 석양의 노을』 신원문화사 2008

바버라 콕스, 캐럴린 샐리 존스, 데이비드 스태퍼드, 캐롤라인 스태퍼드.
    『fashionable 아름답고 기괴한 패션의 역사』 투플러스북스 2013

박영규, 『한권으로 읽는 고구려왕조실록』 웅진닷컴 2004

박영배, 『켈트인, 그 종족과 문화』 지식산업사 2018

박진배, 『영화 디자인으로 보기 2』 디자인하우스 2001

박홍순, 『사유와 매혹 1: 서양 철학과 미술의 역사』 서해문집 2011

베탄 패트릭, 존 톰슨, 『1%를 위한 상식백과』 씨네스트 2014

배미진, 『뷰티히스토리북』 페이퍼북 2015

배수정 외 공저, 『현대패션과 서양복식문화사』 수학사 2008

백영자, 최해율. 『한국의 복식문화』 경춘사 2001

볼프 슈나이더, 『위대한 패배자』 을유문화사 2005

브라이언 타이어니 / 시드니 페인터, 『서양 중세사 유럽의 형성과 발전』 집문당
    2015

서긍, 『고려도경』 황소자리 2005

성영신, 박은아. 『아름다움의 권력』 소울메이트 2009

수잔네 하이네, 『초기 기독교 세계의 여성들』 이화여자대학교 출판부 1998

샐리 호그셔드, 『세상을 설득하는 매혹의 법칙』 오늘의 책 2010

샤오춘레이, 『욕망과 지혜의 문화사전 몸』 푸른숲 2006

시공디스커버리총서. 『머리카락』 시공사 2009

신부섭, 『업 스타일링』광문각 2004

신상옥, 『서양복식사』수학사 2014

스티븐 데이비스, 『밥 말리』여름언덕 2007

스티브 부크먼, 『꽃을 읽다』반니 2015

스파이크 버클로, 『빨강의 문화사』컬처룩 2017

아일린 파워, 『중세의 사람들』이산 2007

안인희, 『북유럽 신화1』웅진지식하우스 2007

앙드레 주에트, 『수의 비밀』이지북 2001

양숙향, 『전통의상 디자인 여성한복』교학연구사 2009

오비디우스, 『변신이야기』열린책들 2018

이바스 리스너, 『서양 위대한 창조자들의 역사』살림 2005

이반 투르게네프, 『봄 물결』지식을만드는지식 2013

이성미, 『한국회화사용어집』다할미디어 2003

이안 해리슨, 『마지막에 대한 백과사전』휴먼앤북스 2007

E. M. 번즈, R. 러너, 『서양문명의 역사Ⅱ』1994

             , 『서양문명의 역사Ⅲ』1996

이영희, 『여성을 위한 디자인』이화여자대학출판부 2005

이윤정, 『스타일을 입는다』교보문고 2007

이중톈, 『품인록』에버리치홀딩스 2007

이지은, 『귀족의 은밀한 사생활』지안출판 2012

이헌석, 『열려라 클래식』돋을새김 2007

이효선, 『몽골초원의 말발굽소리』북코리아 2004

이태준, 『중단편전집 1』애플북스 2014

임린, 『한국여인의 전통머리 모양』민속원 2009

H. A. 거버, 『북유럽 신화, 재밌고도 멋진 이야기』책읽는귀족 2017

에두아르트 푹스, 『풍속의 역사 3, 색의 시대』까치 2001

에이미 버틀러 그린필드, 『퍼펙트레드』 바세 2007

A. J. 제이콥스, 『한권으로 읽는 브리태니커』 김영사 2007

엘렌 식수, 『메두사의 웃음/출구』 동문선 2004

엘런 싱크먼, 『미의 심리학』 책세상 2015

역사교육자협의회, 『나만 모르는 유럽사』 모멘토 2004

애드리언 블루, 『키스의 재발견』 예담 2004

앤디 워홀, 『앤디 워홀 일기』 미메시스 2009

잉겔로레 에버펠트, 『유혹의 역사』 미래의 창 2009

요한 하위징아, 『중세의 가을』 동서문화사 2016

울리히 렌츠, 『아름다움의 과학』 프로네시스 2008

W. B. 예이츠, 『요정을 믿지 않는 어른들을 위한 요정이야기』 책읽는귀족 2016

자크 바전, 『새벽에서 황혼까지 1500-2000 1』 민음사 2006

자크 아순, 『카인』 동문선 2004

전창림, 『미술관에 간 화학자』 랜덤하우스코리아 2007

전호태, 『한국고대의 여성과 생활풍속』 울산대학교출판부 2004

정대현, 『다원주의 시대와 대안적 가치』 이화여자대학교출판부 2006

정재서 외, 『신화적 상상력과 문화』 이화여자대학교출판부 2008

정현지, 『미용문화사』 광문각 2004

제임스 조지 프레이저, 『황금가지』 을유문화사 2005

조희연, 『박정희와 개발독재시대』 역사비평사 2007

J. 레슬리 미첼, 루이스 그래식 기번, 『탐험의 역사』 가람기획 2004

존 볼드윈, 『중세문화이야기』 혜안 2002

J.F. 비얼레인, 『세계의 유사신화』 세종서적 2000

존 우드퍼드, 『허영의 역사』 세종서적 1998

John Storey, 『문화연구의 이론과 방법들』 경문사 2002

줄리에트 우드, 『켈트』 들녘 2002

중국CCTV다큐멘터리제작팀 『루브르에서 중국을 만나다』 아트북스 2014

진얼원, 『중국을 말한다』 신원문화사 2008

카렌 암스트롱, 『신의 역사1』 동연 1992

캐서린 하킴, 『매력자본』 민음사 2013

콘스탄스 클라센, 데이비드 하위즈, 앤소니 시노트. 『아로마 냄새의 문화사』 현실문
    화연구 2002

크리스토퍼 도슨, 『유럽의 형성』 한길사 2011

크리스토퍼 홀, 『교부들과 함께 성경읽기』 살림 2008

찰스 패너티, 『배꼽티를 입은 문화』 자작나무 1995

천룽, 『긴 머리 여자아이』 청년사 2005

최규진, 『근대를 보는 창 20』 서해문집 2007

최순우, 『무량수전 배흘림기둥에 기대서서』 학고재 1996

최영전, 『성서의 식물』 아카데미서적 1996

최재석, 『한국고대의 가족제도연구』 국사관논총 제24집 1991

최해율, 『한국의 복식문화』 경춘사 2001

토마스 불핀치, 『그리스로마신화』 범우사 2000

테레사 리오단, 『아름다움의 발명』 마고북스 2005

타키투스, 『게르마니아』 범우사 2014

패드라익 콜럼, 『세상종말전쟁』 라그나로크 여름언덕 2004

포송령, 『요재지이 1』 민음사 2002

폴 임, 『그림과 사진으로 보는 신화 오디세이』 평단문화사 2010

프랑수아즈 샹데르나고르, 『클레오파트라의 딸1』 다산책방 2014

피에르 제르마, 『만물의 유래사』 하늘연못 2004

한국고문서학회, 『조선시대 생활사3, 의식주, 살아있는 조선의 풍경』 역사비평사
    2010

한택수, 『프랑스 문화 교양강의 18』 김영사 2008

홍나영, 신혜성, 최지희, 『아시아 전통복식』 교문사 2004

황밍허, 『법정의 역사』 시그마북스 2008

헤로도토스, 『페르시아 전쟁사』 시그마북스 2008

헨리 베일가드, 『트렌드를 읽는 기술』 비즈니스북스 2008

신문 및 방송

가톨릭신문 1983년 4월 10일(1350호 6면)

국민일보 2012년 8월 9일

경향신문 1954년 12월 30일, 1958년 12월 31일, 1962년 3월 1일, 9월 1일, 1963년
2월 19일, 1964년 5월 28일, 1972년 5월 12일, 1984년 2월 14일, 1985년 10월
4일, 1993년 3월 24일, 2019년 11월 19일

내일신문 2014년 6월 13일

동아일보 1932년 8월 7일, 1952년 11월 6일, 1955년 5월 10일, 1977년 10월 3일,
2006년 11월 15일, 2010년 1월 13일

데일리안 2014년 6월 15일

매일경제 1972년 10월 3일, 2012년 5월 10일, 2013년 6월 6일

미주한국일보 2004년 6월 25일

세계일보 2012년 5월 10일

서울경제 2012년 5월 10일

연합뉴스 2009년 6월 8일

조선일보 1935년 6월 12일

중앙일보 1971년 4월 30일, 2019년 2월 17일

한겨레신문 2015년 6월 20일, 11월 19일

한국경제신문 2015년 7월 22일

EBS 2015년 2월 17일 세계테마기행 중국소수민족기행 "2부. 자연의 노래, 둥족과
창쟈오먀오족"

YTN 2012년 5월 11일

잡지

엘릭시르. 삼천당제약사외보. January 2007. Vol.32. 이윤정 "문화의 중요한 징후인 패션"

월간 문화재 2014년 6월 장경희 "여성 장인, 조선 왕실 기록에 그 이름을 당당히 올리다"

주간동아 469호. 2005년 최현숙 "'멋과 보온' 모자는 시대의 상징"

주간한국 2004년 10월 5일 "패션 재키룩, 기풍과 자유를 입은 창조적 패션리더"

인터넷 자료

『고려사』 권28 세가 권제28. 1274년 11월 18일(양력) 충렬왕 즉위년

국사편찬위원회. 한국사데이터베이스. 『삼국사기』

　　　. 『조선왕조실록』 http://sillok.history.go.kr

　　　. 『조선왕조실록』 성종실록 152권 (성종 14년 3월 28일)

　　　. 『조선왕조실록』 영조실록 87권 (영조 32년 1월 16일)

　　　. 『조선왕조실록』 정조실록 29권 (정조 14년 2월 19일)

국립중앙도서관 디지털도서관 블로그, 2015년 10월 21일 "왕의 얼굴을 담다. 한중일 군주의 초상화"

네이버캐스트 한국미의 재발견-회화, 이원복. 2005년 "한중일 삼국의 미인도"

네이버캐스트 2012년 9월 6일 [장난감대백과] "핑크빛 우상 바비인형".

네이버 문화유산알아보기, 2013년 1월 11일 박윤미. "머리가 무거울수록 멋쟁이"

네이버캐스트 "레게로 피어난 전설 밥 말리" 2014년 7월 2일

로맨티스트의 빨강머리 앤 블로그 〈http://aogg.egloos.com/10734882〉

문화웹진 채널 예스, 2013년 7월 9일 김수영. "클래식계의 코스모폴리탄, 헨델을 아시나요"

문화재청 소식지 문화재사랑, 2015년 8월 4일 이재균. "한옥에서만 볼 수 있는 과학
　　적이고 아름다운 건축부재 보㈜"

브리태니커 백과사전

『선화봉사고려도경』 권22 풍속

이지희. "[영국문화 돋보기 시즌2: 2-2편] 두 개의 전시를 통해 인식하는 찰스1세
　　와 찰스2세" 2018년 3월 23일. 주한영국문화원 공식 블로그

한국고전종합DB. 승정원 일기 인조 11년 계유 6월 13일

『한국민속대백과사전』, 『한국일생의례사전』

　　　　　. 『한국세시풍속사전』

　　　　　. 『한국의식주생활사전』

http://blog.daum.net/kdh153/15642305

외국 자료

Aron Moss. "Why Do Jewish Women Cover Their Hair?"

　　(https://www.chabad.org/theJewishWoman/article)

Gailynne Bouret. 『Cavaliers and Rakes: Fashions of the Courts of Charles I and
　　Carles II』

July 1, 2012(First published for the July August/ 2012). Issue of Finery.

Russia Beyond. JULY 20 2014, June 30. 2017.

THROW BREAD ON ME(https://brighidin.tumblr.com).

中邮网 2014년 3월 5일자(http://www.e1988.com/news/article.asp?id=77164)

연구 논문 및 보고서

강연미, 현지연. 『조선궁궐의 건축구조를 응용한 장신구 문화상품개발연구 : 공포구
　　조를 중심으로』 기초 조형학연구. 15권 5호. 7-16. 2014.

김기선.『몽골의 辮髮에 대하여』아시아민족조형학보 제5집. 81-97. 2004.

김남희, 최연우.『(인조장렬왕후)가례도감의궤』노의 일습 고증 제작. 한국의류학회지. Vol.42 No.2. 360-378. 2018.

류수연.『단발에 매혹된 근대』한국문학연구학회. 현대문학의 연구 51권 0호. 313-336. 2013.

박은향.『조선후기 모발관리법에 관한 문헌적 고찰: 〈규합총서〉를 중심으로』석사학위논문, 동아대학교대학원 의상섬유학과. 2010.

서지영.『식민지 조선의 모던걸: 1920-30년대 경성 거리의 여성 산책자』한국여성학회. 한국여성학 제22권 3호. 199-228. 2006.

오선희.『조선시대 궁중 대례용(大禮用) 수식(首飾) 제도의 성립과 변천』박사학위논문, 이화여자대학교대학원 의류학과. 2019.

윤성희.『고대그리스, 로마 헤어 스타일의 조형적 전승과 현대적 재현 방안에 관한 연구』석사학위논문, 한성대학교 예술대학원. 2005.

이소라.『프랑스 왕정 시대의 헤어미용사 연구』석사학위논문, 신라대학교 산업융합대학원 미용향장학과. 2019.

이영주.『조선시대 가체 변화에 관한 연구』석사학위논문, 동덕여자대학교 대학원 의상학과. 2010.

정선희.『고대 로마와 신라 미용문화의 비교』, 대한피부미용학회지 10권 1호. 7-14. 2012.

정현숙.『바로크시대 남성복의 미적 특성에 관한 연구 -17세기 후반을 중심으로-』한국생활과학회지 제28권 4호. 379-390. 2019.

조성환.『중국 고대 시문에 나타난 미용과 화장술』서라벌대학 학술논문 Vol. 19 No. 7-31. 2001.

부경대학교 산학협력단.『조선왕실 왕비와 후궁의 생활』국립고궁박물관 학술연구 용역보고서. 2013.

사진과 그림의 정보

사진과 그림의 저작권 및 출처는 다음과 같다.

ⓒ 위키피디아 Wikipedia

퍼블릭도메인 public domain

1, 3, 4, 6, 7, 9, 11, 12, 13, 14, 15, 16, 17, 18, 19, 20, 21, 22, 23, 24, 26, 27, 28, 29, 30, 31, 33, 34, 35, 37, 38, 39, 40, 41, 43, 44, 45, 46, 47, 48, 49, 50, 51, 52, 54, 55, 56, 57, 58, 59, 60, 61, 62, 63, 64, 65, 66, 69, 70, 73, 74, 75, 76, 77, 80, 81, 82, 83, 84, 85, 86, 87, 88, 89, 91, 95, 98, 105, 109

GNU Free Documentation License

53

CCO

92

CC-BY-2.0

2, 102

CC-BY-4.0

67, 68, 90

CC-BY-SA 2.0

42

CC-BY-SA 2.5

5

CC-BY-SA 3.0

32, 93, 101, 107

CC-BY-SA 4.0

96, 106

ⓒ 위키피디아, 알체트론 https://alchetron.com/Travis-Bickle
CC-BY-SA 3.0

97

ⓒ 위키우 wikioo https://wikioo.org/ko/paintings.
퍼블릭도메인 public domain

25

ⓒ 존 F. 케네디대통령기록관 JOHN F. KENNEDY Presidential Library Museum

퍼블릭도메인 public domain

99, 100

ⓒ 문화체육관광부 공공누리

78

ⓒ 문화재청 국가문화유산포털

36

ⓒ 서울역사박물관

79

ⓒ 서울대학교 박물관

8

ⓒ 한국학중앙연구원

71, 72

ⓒ 픽사베이 Pixabay

103, 104

미주

프롤로그

PART 1 신화와 전설 : 신비, 과시, 신성

1   로저 스크러튼, 『아름다움』 미진사 2013. 8쪽.

2   한겨레신문 2015년 6월 20일자.

3   한국고문서학회, 『조선시대 생활사3 의식주, 살아있는 조선의 풍경』 역사비평
사 2010. 57쪽.

4   내일신문 2014년 6월 13일자.

5   최순우, 『무량수전 배흘림기둥에 기대서서』 학고재 1996. 79쪽.

6   앙드레 주에트, 『수의 비밀』 이지북 2001. 252쪽.

7   베탄 패트릭, 존 톰슨, 『1%를 위한 상식백과』 씨네스트 2014. 383-385쪽

8   한국고문서학회, 같은 책. 역사비평사 2010. 57쪽.

9   동아일보 1955년 5월 10일자.

10 이영주, 『조선시대 가체 변화에 관한 연구』 석사학위논문, 동덕여자대학교 대
학원 의상학과 2010.

11 김남희, 최연우. 『『(인조장렬왕후)가례도감의궤』 노의 일습 고증 제작』 한국의류
학회지. Vol.42 No.2. 360-378. 2018.

12 김남희, 최연우. 같은 논문. 362쪽.

13 오선희, 『조선시대 궁중 대례용(大禮用) 수식(首飾) 제도의 성립과 변천』 박사학
위논문, 이화여자대학교 대학원 의류학과 2019.

14 부경대학교 산학협력단, 『조선왕실 왕비와 후궁의 생활』 국립고궁박물관 학술
연구용역보고서 2013.

15 문화재청 소식지 문화재사랑, 2015년 8월 4일 이재균 "한옥에서만 볼 수 있는
과학적이고 아름다운 건축부재 보(椺)"

16   한국민속대백과사전 『한국의식주생활사전』 (https://folkency.nfm.go.kr/kr/topic/detail/8251)

17   강연미, 현지연. 『조선궁궐의 건축구조를 응용한 장신구 문화상품개발연구 : 공포구조를 중심으로』. 기초조형학연구. 15권 5호. 7-16. 2014.

18   이 내용은 전호태. 2006. 8.17. 한국역사연구회. 머리패션 따라잡기, 쌍영총 벽화의 여인들, 백영자, 최해율. 『한국의 복식문화』. 경춘사 2001.에서 인용하여 다시 썼다.

19   폴 임, 『그림과 사진으로 보는 신화 오디세이』 평단문화사 2010, 188쪽.

20   윤성희, 『고대그리스, 로마 헤어 스타일의 조형적 전승과 현대적 재현 방안에 관한 연구』 한성대학교 예술대학원 석사학위 논문 2005. 14쪽.

21   동아일보 2006년 11월 15일자.

22   최영전, 『성서의 식물』 아카데미서적 1996. 144쪽.

23   스티브 부크먼, 『꽃을 읽다』 반니 2015. 154쪽.

24   박홍순, 『사유와 매혹 1: 서양 철학과 미술의 역사』와 데일리안 2014년 6월 15일자 '자유영혼들의 위대한 탄생, 크노소스의 벽화'를 참고했다.

25   토마스 불핀치, 『그리스로마신화』 범우사 2000. 476쪽.

26   이반 투르게네프, 『봄 물결』 지식을만드는지식 2013. 133-148쪽.

27   W. B. 예이츠, 『요정을 믿지 않는 어른들을 위한 요정이야기』 책읽는귀족 2016. 49-52쪽.

28   W. B. 예이츠, 같은 책. 2016. 251쪽.

29   J.F. 비얼레인, 『세계의 유사신화』 세종서적 2000. 441쪽.

30   줄리에트 우드, 『켈트』 들녘 2002. 31쪽.

31   줄리에트 우드, 같은 책. 2002. 104쪽.

32   포송령, 『요재지이 1』 민음사 2002. 33쪽.

33   천룽, 『긴 머리 여자아이』 청년사 2005. 4쪽.

34   천룽, 같은 책. 청년사 2005. 26쪽.

35   데 체렌소드놈, 『몽골의 설화』 문학과지성사 2007. 193-212쪽.

36   데 체렌소드놈, 같은 책. 문학과지성사 2007. 319쪽.

37 제임스 조지 프레이저, 『황금가지 1』 을유문화사 2010. 553-555쪽.

38 제임스 조지 프레이저, 같은 책. 을유문화사 2010. 558쪽.

39 오비디우스, 『변신이야기』 열린책들 2018. 30-31쪽.

40 오비디우스, 같은 책. 열린책들 2018. 31-33쪽.

41 오비디우스, 같은 책. 열린책들 2018. 34쪽.

42 오비디우스, 같은 책. 열린책들 2018. 278쪽.

43 오비디우스, 같은 책. 열린책들 2018. 280쪽.

44 오비디우스, 같은 책. 열린책들 2018. 161쪽.

45 정재서 외, 『신화적 상상력과 문화』 이화여자대학교출판부 2008. 198쪽.

46 엘렌 식수, 『메두사의 웃음/출구』 동문선 2004. 20쪽. 본문에서 언급한 어느 학자는 프랑스의 저명한 페미니즘 학자 엘렌 식수Helene Cixous이다.

47 http://blog.daum.net/kdh153/15642305에서 인용.

48 『개역 성경』 사무엘하 18장 33절.

49 찰스 패너티, 『배꼽티를 입은 문화: 문화의 171가지 표정』 자작나무 1996. 179쪽.

50 카렌 암스트롱, 『신의 역사 I』 동연 1992. 223쪽에서 재인용.

51 수잔네 하이네, 『초기 기독교 세계의 여성들』 이화여자대학교 출판부 1998. 36쪽에서 재인용.

52 크리스토퍼 홀, 『교부들과 함께 성경읽기』 살림 2008. 78쪽.

53 애드리언 블루, 『키스의 재발견』 예담 2004. 98쪽.

54 원문과 한글번역: 국사편찬위원회. 한국사데이터베이스. 삼국사기.

55 동아일보 1932년 8월 7일자.

56 최재석, 『한국고대의 가족제도연구』 국사관논총 제24집 1991. 34쪽.

57 그림형제, 『그림 동화집 1』 펭귄클래식코리아 2011. 102쪽.

58 그림형제, 같은 책. 펭귄클래식코리아 2011. 102쪽.

59 그림형제, 같은 책. 펭귄클래식코리아 2011. 316쪽.

60 헤로도토스, 『페르시아 전쟁사』 시그마북스 2008. 143쪽.

61 프랑수아즈 샹데르나고르, 『클레오파트라의 딸1』 다산책방 2014. 142쪽.

62 정선희, 『고대 로마와 신라 미용문화의 비교』 대한피부미용학회지 10권 1호. 2012. 10쪽.

63 알베르트 안젤라, 『고대 로마인의 24시간』 까치 2012. 56쪽.

64 한국경제신문 2015년 7월 22일자.

65 한택수, 『프랑스 문화 교양강의 18』 김영사 2008. 214쪽.

66 마르탱 모네스티에, 『자살백과』 새움 2008. 508쪽.

67 마르탱 모네스티에, 같은 책. 새움 508쪽. 재인용.

68 타키투스, 『게르마니아』 범우사 2014. 92쪽.

69 타키투스, 같은 책. 범우사 2014. 119−120쪽.

70 시공디스커버리총서. 『머리카락』 시공사 2009. 20쪽.

71 마이클 베이전트, 『성혈과 성배』 자음과 모음 2005. 338쪽.

72 J. 레슬리 미첼, 루이스 그래식 기번. 『탐험의 역사』 가람기획 2004. 31쪽.

73 J. 레슬리 미첼, 루이스 그래식 기번. 같은 책. 가람기획 2004. 31쪽.

74 외교통상부 유럽국 서유럽과, 『노르웨이 개항』 외교통상부 2012. 12쪽.

75 패드라익 콜럼, 『세상종말전쟁』 라그나로크 여름언덕 2004. 41−42쪽.

76 랜디 체르베니, 『날씨와 역사』 반디출판사 2011. 101쪽.

77 H. A. 거버, 『북유럽 신화, 재밌고도 멋진 이야기』 책읽는귀족 2017. 105쪽.

78 H. A. 거버, 앞의 책. 책읽는귀족 2017. 113쪽.

79 H. A. 거버, 앞의 책. 책읽는귀족 2017. 113쪽. / 패드라익 콜럼, 앞의 책. 여름언덕 2004. 261쪽.

80 앞 H. A. 거버와 패드라익 콜럼의 책에서 인용하여 서술했다. 안인희, 『북유럽 신화1』 웅진지식하우스 2007. 69쪽.

81 H. A. 거버, 앞의 책. 책읽는귀족 2017. 113~114쪽.

82 이 내용은 서긍, 『고려도경』 황소자리 2005.을 인용하여 재구성했다.

83 크리스토퍼 도슨, 『유럽의 형성』 한길사 2011. 151쪽.

84 "다시 태어나도 사제의 길을─오기선 신부 사제생활 50년의 회고" 17. '제복과 삭발례' 가톨릭신문 1983년 4월 10일(1350호 6면)

85 박영배, 『켈트인, 그 종족과 문화』 지식산업사 2018. 41쪽.

86 크리스토퍼 도슨, 같은 책. 한길사 2011. 319쪽.

87 박영배, 같은 책. 지식산업사 2018. 155쪽.

88 자크 바전, 『새벽에서 황혼까지 1500-2000 1』 민음사 2006. 532쪽을 구어체로 바꾸었다.

89 김병곤, 『영국혁명에 있어 정치와 종교의 문제』 정치사상연구 2000. 193쪽.

90 E. M. 번즈, R. 러너. 『서양문명의 역사Ⅲ』 1996. 632쪽.

91 E. M. 번즈, R. 러너. 같은 책. 1996. 632쪽.

92 Gailynne Bouret, 『Cavaliers and Rakes: Fashions of the Courts of Charles I and Carles Ⅱ』. July 1, 2012(First published for the July August/ 2012). Issue of Finery.(검색일: 2020년 8월 30일) 원문은 다음과 같다.
"Cavaliers were known for their shoulder-length hair, cut asymmetrically with one side below the ear and the other sporting a long lock tied with a ribbon, known as a love-lock."

93 이지희, "[영국문화 돋보기 시즌2: 2-2편] 두 개의 전시를 통해 인식하는 찰스 1세와 찰스2세". 2018년 3월 23일. 주한영국문화원 공식 블로그(검색일: 2020년 8월 30일)

94 브리태니커 백과사전, 표제어는 'Roundhead'. 원문은 다음과 같다.
"Many Puritans wore their closely cropped in obvious contrast to the long ringlets fashionable at the court of Charles I"

95 E. M. 번즈, R. 러너. 같은 책. 1996. 632쪽.

96 요한 하위징아, 『중세의 가을』 동서문화사 2016. 72쪽.

97 Martin Bakers 외, Life in the Middle Ages. Independently Published 2019.

98 브라이언 타이어니 / 시드니 페인터, 『서양 중세사 유럽의 형성과 발전』 집문당 2015. 169쪽.

99 존 볼드윈, 『중세문화이야기』 혜안 2002. 247쪽.

100 E. M. 번즈, R. 러너. 『서양문명의 역사Ⅱ』 1994. 444쪽.

101 원제는 "De Casibus Virorum Illustrium(영문명: On the Fates of Famous Men)"이다.

102 E. M. 번즈, R. 러너. 같은 책. 1994. 442쪽.

103 이윤정, "문화의 중요한 징후인 패션" 엘릭시르 삼천당제약사외보 January 2007. Vol.32. 9쪽.

104 최현숙, "'멋과 보온' 모자는 시대의 상징" 주간동아 469호 2005년 1월 14일.

105 "중세 러시아의 미인(美人)의 기준은?" Russia Beyond. June 30. 2017.

106 "중세 러시아의 미인(美人)의 기준은?" 같은 잡지. June 30. 2017.

107 매트 리들리, 『붉은 여왕』 김영사 2006. 448쪽.

108 울리히 렌츠, 『아름다움의 과학』 프로네시스 2008. 115~116쪽.

109 김동훈, "금발 갈구했던 여인들, 연금술로 황금빛을 얻다" 경향신문 2019년 11월 19일.

110 잉겔로레 에버펠트, 『유혹의 역사』 미래의 창 2009. 272쪽.

111 본명인 지오바니 카날Giovanni Antonio Canal 보다는 지오바니 카날레토Giovanni Antonio Canaletto로 더 알려진 화가이다.

112 아일린 파워, 『중세의 사람들』 이산 2007. 53쪽.

113 아일린 파워, 같은 책. 이산 2007. 53쪽.

114 자크 아순, 『카인』 동문선 2004. 54쪽.

115 김기선, 『몽골의 辮髮에 대하여』 아시아민족조형학보 제5집 2004. 82쪽.

116 멍펑싱, 『중국을 말하다 14. 석양의 노을』 신원문화사 2008. 87쪽.

117 『선화봉사고려도경』 권22 풍속.

118 『고려사』 권28 세가 권제28. 1274년 11월 18일(양력). 충렬왕 즉위년.

119 볼프 슈나이더, 『위대한 패배자』 을유문화사 2005. 146쪽.

120 에이미 버틀러 그린필드, 『퍼펙트레드』 바세 2007. 31쪽.

121 볼프 슈나이더, 같은 책, 146쪽.

122 나카노 교코, 『잔혹한 왕과 가련한 왕비』 이봄 2013. 19쪽.

123 스파이크 버클로, 『빨강의 문화사』 컬처룩 2017. 28쪽.

124 신부섭, 『업 스타일링』 광문각 2004. 12쪽.

125 이헌석, 『열려라 클래식』 돌을새김 2007. 155쪽.

126 김수영, "클래식계의 코스모폴리탄, 헨델을 아시나요" 문화웹진 채널 예스. 2013년 7월 9일을 참고했다.

127 이하 내용은 김영기, 『역사 속으로 떠나는 배낭여행』 북코리아 2005. 460쪽.

128 이지은, 『귀족의 은밀한 사생활』 지안출판 2012. 216쪽.

129 정현숙, 『바로크시대 남성복의 미적 특성에 관한 연구 −17세기 후반을 중심으로−』 한국생활과학회지 제28권 4호. 2019. 4쪽.

130 존 우드퍼드, 같은 책. 세종서적 1998. 147쪽.

131 자크 바전, 같은 책. 민음사 2006. 554쪽.

132 존 우드퍼드, 『허영의 역사』 세종서적 1998. 147쪽.

133 울리히 렌츠, 『아름다움의 과학』 프로네시스 2008. 26쪽.

134 피에르 제르마, 『만물의 유래사』 하늘연못 2004. 13쪽.

135 정현지, 『미용문화사』 광문각 2004. 72쪽.

136 이소라, 『프랑스 왕정 시대의 헤어미용사 연구』 미용향장학 석사 학위논문. 신라대학교 산업융합대학원 미용향장학과. 2019. 15쪽.

137 자크 바전, 같은 책. 민음사 2006. 554쪽.

138 이중톈, 『품인록』 에버리치홀딩스 2007. 415쪽.

139 《옹정행락도》는 중국고궁박물관에 소장되어 있다. 중국CCTV다큐멘터리제작팀. 『루브르에서 중국을 만나다』. 아트북스. 2014. 참고.

140 국립중앙도서관 디지털도서관 블로그. "왕의 얼굴을 담다. 한중일 군주의 초상화" 2015년 10월 21일.

141 中邮网 2014년 3월 5일자(http://www.e1988.com/news/article.asp?id=77164). 원문은 다음과 같다. "雍正是一位勤政的帝王，工作之余的闲暇，他喜欢让画家们给自己绘制画像，这其中，尤其以行乐图的数量居多."(옹정제는 근면하게 정무에 힘쓴 제왕이었고, 일하고 남은 여가시간에, 그는 화가들이 자신의 초상화 제작하는 것을 좋아했다. 이 안에는 특히 행락도의 수량이 다수를 차지한다.)

142 A. J. 제이콥스, 『한권으로 읽는 브리태니커』 김영사 2007. 455쪽.

143 잉겔로레 에버펠트, 『유혹의 역사』 미래의 창 2009.

144 이 내용은 매일경제 2013년 6월 6일자 기사를 인용하여 설명을 추가했다.

145 역사교육자협의회, 『나만 모르는 유럽사』 모멘토 2004. 152쪽.

146 존 우드퍼드, 같은 책. 세종서적 1998. 150쪽.

147 정현지, 『미용문화사』 광문각 2004. 78쪽.

148 막스 폰 뵌, 『패션의 역사1』 한길아트 2000. 78쪽.

149 배수정 외, 『현대패션과 서양복식문화사』 수학사 2008. 196-197쪽.

150 귀스타브 르 봉, 『군중심리』 이레미디어 2008. 197쪽. 원문 일부를 구어체 형식으로 바꾸어 다시 썼다.

151 이바스 리스너, 『서양 위대한 창조자들의 역사』 살림 2005. 478쪽.

152 자크 바전, 같은 책. 민음사 2006. 812쪽.

153 원문과 한글번역: 국사편찬위원회, 조선왕조실록-성종실록.

154 한국고문서학회, 『조선시대 생활사3 의식주, 살아있는 조선의 풍경』 역사비평사 2010. 91-93쪽

155 원문과 한글번역: 국사편찬위원회. 조선왕조실록-영조실록.

156 원문과 한글번역: 국사편찬위원회. 조선왕조실록-정조실록.

157 원문과 한글번역: 국사편찬위원회. 조선왕조실록-정조실록.

158 월간 문화재 2014년 6월, 장경희. "여성 장인, 조선 왕실 기록에 그 이름을 당당히 올리다"

159 샤오춘레이, 『욕망과 지혜의 문화사전 몸』 푸른숲 2006.

160 콘스탄스 클라센, 데이비드 하위즈, 앤소니 시노트. 『아로마 냄새의 문화사』 현

실문화연구 2002. 78-79쪽.

161 콘스탄스 클라센, 데이비드 하위즈, 앤소니 시노트. 같은 책. 현실문화연구 2002. 102쪽.

162 이원복, "한중일 삼국의 미인도" 네이버 캐스트 한국미의 재발견-회화. 2005년.

163 양숙향,『전통의상 디자인 여성한복』교학연구사 2009. 71쪽.

164 임린,『한국여인의 전통머리 모양』민속원 2009. 39쪽. 41쪽.

165 임린, 앞의 책. 41쪽.

166 고바야시 다다시,『우키요에의 美』이다미디어 2004. 73-80쪽.

167 막스 폰 뵌,『패션의 역사2』한길아트 2000. 56쪽.

168 샤오춘레이, 같은 책. 푸른숲 2006. 41쪽.

169 막스 폰 뵌, 같은 책. 한길아트 2000. 56쪽.

170 이성미,『한국회화사용어집』다할미디어 2003. 65쪽.

171 임린, 앞의 책. 민속원 2009. 111쪽.

172 김상규,『우리말에 빠지다』젠북 2007. 24쪽.

173 한국고문서학회,『조선시대 생활사3, 의식주, 살아있는 조선의 풍경』역사비평사 2010. 97쪽.

174 박윤미, "머리가 무거울수록 멋쟁이" 네이버 문화유산알아보기. 2013년 1월 11일.

175 임린, 앞의 책. 민속원 2009. 103쪽.

176 연합뉴스 2009년 6월 8일자

177 박은향,『조선후기 모발관리법에 관한 문헌적 고찰: 〈규합총서〉를 중심으로』동아대학교 석사학위논문. 2010. 15-43쪽.

178 박은향. 같은 논문. 2010. 15-43쪽.

PART 3

전통과 자유: 스타일, 금지, 아이콘

179 "개화초기⑴미용" 경향신문 1963년 2월 19일자를 구어체로 각색하여 실었다.

180 "최초의 헤어디자이너 오엽주" 경향신문 1985년 10월 4일자를 구어체로 각색하여 실었다.

181 경향신문 1962년 3월 1일자.

182 중앙일보 1971년 4월 30일자.

183 THROW BREAD ON ME(https://brighidin.tumblr.com). 원문은 다음과 같다. "Late Meiji to Early Taisho. This is the classic Japanese low pompadour hairstyle of the 1900s, … "

184 최규진,『근대를 보는 창 20』서해문집 2007. 106쪽.

185 김용준,『새 近園隨筆』열화당 2009. 69-70쪽.

186 류수연,『단발에 매혹된 근대』한국문학연구학회. 현대문학의 연구 51권 0호. 2013. 19쪽.

187 유-모어 소설『망부석』⑶4 조선일보 1935년 6월 12일자. 소설을 쓰고 그림을 그린 김웅초의 본명은 김규택이다.

188 서지영,『식민지 조선의 모던걸: 1920-30년대 경성 거리의 여성 산책자』한국여성학회. 한국여성학 제22권 3호. 2006. 210-211쪽.

189 서지영, 같은 논문. 2006. 223쪽.

190 루시 모드 몽고메리,『빨간 머리 앤』시공주니어 2015. 46쪽.

191 "로맨티스트의 빨강머리 앤 블로그"(http://aogg.egloos.com/10734882).

192 미주한국일보 2004년 6월 25일자.

193 전창림,『미술관에 간 화학자』랜덤하우스코리아 2007. 153쪽.

194 미주한국일보 2004년 6월 25일자.

195 로저 에버트,『위대한 영화 1』을유문화사 2006. 654쪽.

196 "러시아의 헤어스타일 변천사" Russia Beyond. JULY 20 2014.

197 "화려하고 매력적인 앤디 워홀의 실크스크린 먼로 초상들" 한겨레신문 2015년 11월 19일자.

198 "앤디 워홀의 위대한 세계" 디자인 정글 2010년 4월 30일.

199 매일경제 2012년 5월 10일자.

200 세계일보 2012년 5월 10일자.

201 YTN 2012년 5월 11일자.

202 서울경제 2012년 5월 10일자.

203 경향신문 1964년 5월 28일자.

204 The Economist. 『글로벌 CEO 132인』. 남편과 원숭이. 2008. 190쪽.

205 이윤정, 『스타일을 입는다』 교보문고 2007. 27쪽.

206 이안 해리슨, 『마지막에 대한 백과사전』 휴먼앤북스 2007. 254쪽.

207 "레게로 피어난 전설 밥 말리" 네이버캐스트 2014년 7월 2일.

208 경향신문 1954년 12월 30일자.

209 경향신문 1954년 같은 일자.

210 매일경제 1972년 10월 3일자.

211 경향신문 1972년 5월 12일자.

212 김영명, 『좌우파가 논쟁하는 대한민국사 62』 위즈덤하우스 2008. 116쪽.

213 조희연, 『박정희와 개발독재시대』 역사비평사 2007. 176쪽.

214 정대현, 『다원주의 시대와 대안적 가치』 이화여자대학교출판부 2006. 123쪽.

215 『한국민속대백과사전』 『한국일생의례사전』 "배냇머리자르기"

216 이효선, 『몽골초원의 말발굽소리』 북코리아 2004. 262쪽.

217 『한국민속대백과사전』 『한국세시풍속사전』 "중화절"

218 진얼원, 『중국을 말한다』 신원문화사 2008. 29쪽.

219 강영수, 『한국산 가발, 대이스라엘 수출 적신호』 대한투자무역진흥공사 2005 동향보고서.

220 국민일보 2012년 8월 9일자.

221 국민일보 2012년 같은 일자.

222 아론 모스는 호주 시드니에 있는 네페시 공동체의 랍비로 활동 중이다.

원문은 "Why Do Jewish Women Cover Their Hair?"

https://www.chabad.org/theJewishWoman/article (검색일: 2020.05.13.)

223 창쟈오먀오족 내용은 2015년 2월 17일 방영한 EBS 세계테마기행 중국소수민
족기행 '2부. 자연의 노래, 둥족과 창쟈오먀오족'을 참고했다.

224 황밍허, 『법정의 역사』 시그마북스 2008. 311쪽.

225 동아일보 2010년 1월 13일자.

226 경향신문 1993년 3월 24일자.

227 동아일보 1952년 11월 6일자.

228 동아일보 1977년 10월 3일자.

229 박진배, 『영화 디자인으로 보기2』 디자인하우스 2001. 53쪽.

230 이영희, 『여성을 위한 디자인』 이화여자대학출판부 2005. 271쪽.

231 경향신문 1958년 12월 31일자.

232 "패션 재키룩, 기풍과 자유를 입은 창조적 패션리더" 주간한국 2004년 10월 5
일자.

233 김태경, 『에디터 T의 스타일 사전』 삼성출판사 2008. 121쪽 재인용.

234 [장난감대백과] "핑크빛 우상 바비인형" 네이버캐스트 2012년 9월 6일.

235 "휠체어 · 의족 바비 인형 나온다. 환갑 맞은 바비의 이유있는 변신" 중앙일보
2019년 2월 17일자.

236 사회심리학자 리처드 니스벳(Richard E. Nisbett)의 저서를 말한다.

237 마이클 솔로몬, 『기업이 알아야 할 고객 니즈의 50가지 진실』 시그마북스
2009. 262쪽.

238 경향신문 1984년 2월 14일자.

239 루이자 메이 올컷, 『작은 아씨들』 창작시대 2006. 41쪽.

240 루이자 메이 올컷, 같은 책. 2006. 40쪽.

세계 헤어웨어 이야기
신화에서 대중문화까지

초판 1쇄 인쇄 ㅣ 2021년 12월 28일
초판 1쇄 발행 ㅣ 2022년 01월 10일

지은이 ㅣ 원종훈 김영휴
펴낸이 ㅣ 최화숙
편집인 ㅣ 유창언
펴낸곳 ㅣ **아마존북스**

등록번호 ㅣ 제1994-000059호
출판등록 ㅣ 1994. 06. 09

주소 ㅣ 서울시 성미산로2길 33(서교동) 202호
전화 ㅣ 02)335-7353~4
팩스 ㅣ 02)325-4305
이메일 ㅣ pub95@hanmail.net ㅣ pub95@naver.com

ⓒ 원종훈 김영휴 2022
ISBN 979-89-5775-279-1 03590
값 17,000원